R을 활용한 전산통계개론

통계적 모의실험과 추정 알고리즘

손건태 지음

자유아카데미

머리말

통계학(statistics)은 최적해 추정, 최적 정책수립, 최적 시스템 구조 결정과 같은 다양한 의사결정(decision-making)을 위한 과학이다. 최적의 의사결정은 객관적 정보를 바탕으로 실현 가능성이 높은 방향으로 결정되어야 한다. 확률(probability)은 실현 가능성을 측정하기 위한 가장 합리적인 측정도구이며, 분포(distribution)에 기초하여 계산된다. 즉, 해당 분포를 알아야 원하는 확률을 구할 수 있다. 실험결과들로 이루어지는 분포는 자료, 표, 그림, 함수 등 다양한 형태를 통하여 인식된다. 분포인식의 단순화를 위하여 많은 종류의 분포들이 제안되었고 다양한 분포이론이 개발되었다. 대부분의 분포들은 몇 개의 모수들(parameters)로 결정되고 있어 모수추정이 통계적 분석에서 매우 중요한 과정이 된다. 모수추정은 합리적인 원리들(principles)에 따라 이루어진다.

자연과학, 사회과학, 인문과학 등 모든 분야에서 다양한 통계적 사고와 통계모형의 적용을 통한 자료분석은 자료처리단계에서 의사결정과 새로운 이론의 생성으로 옮겨가고 있어, 통계학은 수많은 분야에서 핵심기술로 자리매김하고 있다. 뿐만 아니라 통계자료처리 및 결과해석을 위하여 다양한 통계패키지들의 기능이 꾸준히 향상되고 있어 사용자들이 원하는 결과를 손쉽게 얻을 수 있게 되었다.

그러나 각 분야에서 필요로 하는 심층적 분석에 따른 새로운 통계모형 개발이 지속적으로 요구되고 있어, 관련 통계학 이론과 더불어 새로운 기법에 의한 통계자료처리 및 응용을 위한 통계자료처리 프로그램 작성 능력의 필요성은 날로 커져가고 있다. 통계학에서도 이론적 연구가 모든 분야의 기초가 됨은 당연하지만, 컴퓨터를 이용한 계산기법은 단순한 계산기법의 범위를 넘어서 새로운 학문 분야의 개척이 가능하도록 이끌기도 한다. 정적분의 계산과 같은 결정적 문제도 확률적 실험을 통하여 해결하는 등 통계자료처리를 위한 알고리즘의 개발이 통계학의 발달과 응용에 있어 필수적인 분야가 되었다. 통계적 모의실험(statistical simulation)은 확률분포의 생성을 필요로 하며, 복잡한 구조를 지닌 시스템 모의실험과 모수추정을 위하여 제안된 새로운 통계량과 기존 통계량들의 비교에서 중요시된다. 통계적 추정 및 통계적 모의실험을 위한 알고리즘 개발에 관한 연구 분야는 전산통계학(computational statistics)으로 불리고 있다.

필자는 1980년대 후반부터 '전산통계'라는 교과목을 강의하고 있다. 가능한 전산통계학 목적에 가깝게 확률분포 생성 알고리즘과 추정 알고리즘 및 통계적 모의실험에 관한 내용을 가르치고자 하였다. 그러나 학생들의 수준에 알맞은 교재를 찾기가 어려워 여러 교재를 요약하고 보완하여 작성된 강의 노트로 강의를 하였다. 수강생들이 스스로 프로그래밍을 하여 확률분포를 만들고, 모수를 변화시키며 분포의 형태를 익히도록 하였다. 해석학적으로는 구하기 어려운 모수추정 알고리즘의 원리와 개념을 기초로 하는 수치해석적 방법의 수월성을 느끼게 하고, 통계적 실험에서 최적 조건의 결정을 위하여 관련된 통계분포 생성을 통한 복잡한 시스템의 현상을 모의실험할 수 있도록 하였다. 수강생들은 프로그래밍과 과제보고서 작성에 고생이 많았으나 통계학의 쓰임새와 유용성을 느끼게 하기에는 더없이 좋았다고 강의평가에서 밝히고 있어 교육자로서 보람을 느꼈다. 이러한 강의 노트를 더욱 보완하여 1996년 『전산통계개론』 초판을 출간하였다. 그 후 강의하신 여러 교수님의 의견을 참고하여 불필요한 부분은 줄이고 새롭게 요구되는 내용을 추가하여 몇 번의 개정판으로 출간하였다. 이번에는 'R을 활용한 전산통계개론'이라는 제목으로 새롭게 집필하게 되었다.

본 교재는 전산통계학을 공부하는 통계학 전공자와 확률분포 생성을 바탕으로 하는 통계적 모의실험을 필요로 하는 모든 사람들에게 시작 단계에서 도움이 되고자 다양한 개념을 가능한 쉽게 표현하려고 애썼으며 다양한 응용 예제를 통하여 알고리즘의 연습이 자연스럽게 이루어지도록 꾸미려고 노력하였다. 세밀한 논리적 이론보다는 직관적 개념의 이해와 응용력을 키우는 데 중점을 두었다.

본 교재는 전체 11장으로 이루어져 있고, 내용 면에서 크게 세 부분으로 구성되어 있다. 제1부는 제2부와 제3부의 기초가 된다. 제1부는 1장과 2장으로 구성된다. 1장에서는 시스템의 구성요소와 시스템의 구조 및 구성요소와의 관계를 다루고, 실제 시스템에 대한 모형화 과정, 모형 종류, 모형 진단 방법과 통계적 모의실험에서의 변화 과정에 대한 이해를 다룬다. 2장 확률분포의 생성에서는 난수생성 알고리즘 형태를 소개하고 난수생성자의 판정법을 다루며, 알려진 분포 또는 확률밀도함수가 주어진 분포에 따르는 확률변수값의 생성 알고리즘의 원리 및 구조를 소개한다.

제2부에서는 추정 알고리즘을 소개한다. 3장에서는 몬테카를로 적분과 분산감소기법을 소개하고, 4장에서는 비선형방정식의 해를 구하는 뉴턴 알고리즘을 소개하고 최소제곱추정량과 최대가능도추정량을 구하는 가우스-뉴턴 알고리즘과 뉴턴-랩슨 알고리즘을 소개한다. 5장에서는 경험분포함수를 이용한 재표본추출기법인 붓스트랩 알고리즘과 재크나이프 기법을 다룬다. 6장에서는 증대자료의 개념을 이용하여 조건부 기댓값을 최대화시켜 가며 모수를 추정하는 EM 알고리즘을 소개한다. 7장에서는 베이지안 추정에서 필요한 마코프 연쇄-몬테카를로 기법을 소개한다.

제3부에서는 여러 종류의 모형과 관련된 추정, 최적화 알고리즘과 통계적 모의실험을 소개한다. 8장에서는 인간의 뇌인식 과정을 모방하여 모형을 학습하고 추정하는 신경회로망을 해결하는 역전파 알고리즘을 소개하고, 9장에서는 최적해 문제를 해결하기 위하여 유전정보의 진화적 특성을 닮도록 개발된 유전자 알고리즘을 소개한다. 10장에서는 칼만 필터링으로 해결하는 동적선형모형에 대하여 추정 및 예측과정을 소개하고, 사례를 통하여 동적선형모형의 활용을 제시한다. 11장은 통계분포에 의하여 운용되는 통계적 모의실험을 연습하도록 구성하였다.

통계 패키지는 통계적 자료분석을 위한 수많은 알고리즘으로 구성되어 있다. MINITAB과 SPSS처럼 통합 환경 아래에서 정해진 메뉴 방식이나 SAS처럼 프로그램 방식으로 수행되는 통계 패키지를 많이 사용하고 있다. 그러나 새로운 통계적 기법이나 모형분석에 대해서는 새로운 추정 알고리즘을 개발하여야 한다. 이에 알맞은 패키지로 R의 사용을 권한다. R은 전 세계적으로 활용도가 날로 커지는 통계패키지로서 비용 없이 누구나 손쉽게 내려 받을 수 있으며, 많은 연구자들이 올려놓은 패키지들을 설치하여 활용할 수 있는 장점이 있다. 따라서 알고리즘을 더욱 가깝게 느낄 수 있기를 바라는 목적을 지니고 교재에 나타나는 예에 대한 R 프로그램을 제시하여 연습에 도움이 되도록 하였다. 본인이 직접 프로그래밍하기를 권한다. R 설치와 기본 사용법에 대하여는 유용한 책들이 많이 있으므로 본 교재에서는 설명을 생략하였다.

본 교재는 전산통계를 소개하는 개론의 역할에 충실히 하고자 하였기에 여러 내용을 담고 있어 이론의 전개 면에서 생략과 도약이 많고 미흡한 점이 많이 있을 것이다. 독자께서는 보완되어야 할 내용과 추가되어야 할 최신 기법들에 대한 아낌없는 충고와 조언을 해 주시기를 바란다.

오래전부터 통계학 저서 출판으로 우리나라 통계학 발전에 일익을 담당해 오고 있는 자유아카데미의 모든 분들께 감사를 드린다. 또한 본 교재 예제에 대한 R 프로그래밍에 많은 도움을 준 부산대 선호근 교수께 감사드린다. 끝으로 이 책이 전산통계학의 연구와 응용에 큰 도움이 될 수 있다면 필자에게는 더 이상의 바람이 없을 것이다.

2014년 부산 금정산 효원벌에서

손 건 태

E-mail: ktsohn@pusan.ac.kr

차례

1장 시스템과 모형

2장 확률분포의 생성

3장 몬테카를로 적분

1장

시스템과 모형

1.1 시스템이란 무엇인가?

주어진 문제를 해결하거나 분석하는 경우에 먼저 문제가 주어진 환경, 상황, 갖추어야 할 조건 등을 구체적으로 정의한 후에 문제 해결을 위한 논리적 구조를 파악하여야 한다. 이를 위하여 첫 번째로 할 일은 주어진 환경을 하나의 **시스템**(system)으로 생각하는 것이다. 시스템이란 무엇인가?

> **시스템**이란 서로 관련된 여러 개의 구성요소들의 집합체이다.

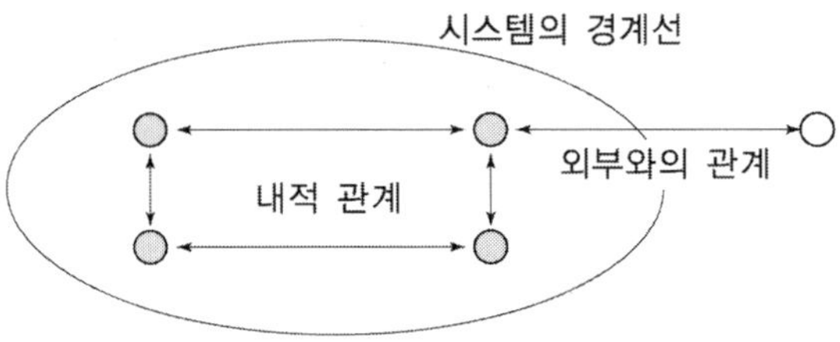

그림 1.1.1. 시스템

시스템을 안다고 하는 것은 [그림 1.1.1]에서 나타난 것처럼 첫째, 시스템의 구성요소들을 알고, 둘째, 구성요소들 사이의 내적 관계를 알고, 셋째, 시스템 내부와 외부를 구분하는 기준을 알고, 넷째, 시스템 내부와 외부의 관계를 아는 것을 의미한다. 시스템 구성요소인 하드웨어와 시스템 운용을 위한 소프트웨어를 알아야 비로소 시스템을 이해하고 분석할 수 있는 것이다.

시스템의 올바른 분석을 통하여 시스템의 문제점을 도출하고, 최적의 시스템 구성과 조건을 찾아내어 시스템을 개선할 수 있다. 이러한 것들은 실제 시스템을 다양한 형태로 운영하거나 컴퓨터를 이용한 모의실험을 통하여 해결할 수 있다. 먼저 시스템의 구성요소와 상황을 명확히 나타내어야만 하며, 다음 상자 안의 용어들을 구체적으로 정의하고, 논리적으로 표현하여야 한다.

(1) **구성요소**(component): 시스템을 구성하고 있는 부품
(2) **속성**(attribute): 구성요소들이 갖고 있는 논리적 또는 수치적 값으로 현재의 구성요소의 특징을 나타낸다.
(3) **내생변수**(endogenous variable)와 **외생변수**(exogenous variable): 외생변수는 시스템 외부에서 주어진 값으로 시스템에 영향을 주지만 시스템 내부에서는 변경할 수 없는 변수이며, 내생변수는 외생변수의 영향을 받아 시스템 내부에서 변화하는 변수이다.
(4) **상태**(state): 시스템이나 구성요소가 어느 한 시점에서 갖는 값. 시스템에서 다루어지는 변수(상태변수)마다 상태를 가지게 된다.
(5) **사건**(event): 시스템의 상태를 변화시키는 원인이 되는 행동

예 1.1.1

병원 시스템에서 구성요소와 변수들

병원은 복잡한 시스템으로 수많은 구성요소, 속성, 변수, 상태가 있겠으나 중요하다고 생각되는 몇 가지만을 예로 들어 보도록 하자.

(1) 구성요소

① 인적 구성요소: 의사, 간호원, 행정직원, 환자, 환자 가족, 기타
② 물적 구성요소: 건물의 형태, 부서, 입원실, 의료기기, 전산기기

(2) 속성

① 인적 구성요소: 전공 또는 부서, 직위, 이름, 성별, 나이, 부서별 인적 구성요소의 수
② 물적 구성요소: 부서의 종류, 입원실 침대의 수, 의료기기 수량

(3) 변수

① 외생 변수: 환자가 병원에 오는 도착간격시간, 진단과 치료에 필요한 처리시간
② 내생 변수: 부서별 구성요소의 변화에 따른 환자의 총 시스템시간, 각 단계별 처리시간, 부서별 하루 진료 환자수

(4) **상태**: 속성이나 변수들이 갖는 값들로 이산형과 연속형으로 나뉜다. 침대의 수, 약을 받으려고 대기 중인 환자의 수, 응급실 환자의 수(이산형), 환자의 대기시간, 환자의 신장(연속형)

(5) **사건**: 응급실로 환자가 들어옴, 환자의 치료가 끝남, 대기상태에서 다음 단계의 치료 상태로 들어감과 같은 것들이 사건이 되며, 이와 관련된 상태변수의 값들이 변화가 된다.

병원 시스템에서 환자의 시스템시간이 너무 길면 환자의 불만이 커지고 시간당 비용도 증가되어 환자수는 줄어들 것이고 병원 운영에 지장을 초래할 것이다. 부서별 치료 단계별 환자의 대기 및 처리시간과 구성요소들의 상태를 조사하여 어떠한 구성과 흐름이 병원, 의사, 간호원, 환자에게 가장 최적인가를 찾아내는 것이 시스템 분석의 목적이 될 것이다. 환자의 도착시간의 분포, 대기시간, 치료시간 등 병원 시스템에서 발생하는 많은 변수들은 확률분포에 따르고 있기 때문에 자연히 통계적 추정과 모의실험을 통하여 이를 해결하게 된다. ▮

시스템의 상태는 시간에 따라 변화하기 때문에 변화 형태를 보고 시스템을 구분할 수 있다. 시간의 흐름에 따라 각 상태에 있을 확률이 변화가 없을 때(즉, 분포가 변함이 없을 때) 이를 "시스템이 **고정된 상태**(steady state)에 있다."라고 하고, 시간에 따라 확률이 변화할 때 "시스템이 **일시적 상태**(temporary state)에 있다."라고 말한다. 또한 외부의 자극 후에 잠시 변화되었다가 다시 고정된 상태로 돌아가는 시스템은 **안정된 시스템**(stable system)이라고 한다.

예 1.1.2

다음의 실험들은 어떤 시스템인가?

(1) 동일한 주사위를 반복해 던지는 실험

(2) 무한 모집단에서 유한개의 표본을 임의 추출하는 실험

(3) 이차원 확률보행(random walk) 실험

(4) 우체국에서의 한 직원의 서비스 시간의 측정

풀이

(1) 동일한 주사위를 반복해서 던지면 매번 각 눈금이 나올 확률이 동일하므로 이 실험은 고정된 상태에 있다.

(2) (1)과 마찬가지로 독립반복시행인 통계적 실험으로 볼 수 있으므로 이 실험에 의한 시스템은 고정된 상태에 있다.

(3) 이차원 임의보행에서는 동서남북으로 1만큼 움직일 확률이 각각 a, b, c, d, $(a+$

$b+c+d=1$) 인 이차원 평면 위의 각 격자점을 상태로 가진다. 시간이 진행됨에 따라 확률실험의 위치가 변하므로 각 상태의 확률이 달라진다. 즉, 시점 0에서 (0,0)에 있는 경우 (1,0)으로 움직일 확률은 a 이지만, 시점 1에서 (2,0)에 있었다면 (1,0)으로 움직일 확률은 b 가 된다. 그러므로 시스템은 시간의 흐름에 따라 살펴볼 때 일시적 상태에 있다.

(4) 직원의 일처리 능력이 시간에 따라 변하게 되므로 서비스 시간에 관한 실험은 일시적 상태에 있게 될 것이다. ∎

은행 안에 있는 고객의 수는 고객의 도착이나 서비스의 종료에 의하여 변화하므로, 시간의 흐름에 따라 이산적 값을 취하며 변화하는 **이산형 시스템**(discrete system)이 되며, 달리기 선수의 순간 속도는 시간의 흐름에 따라 연속적으로 변화하므로 **연속형 시스템**(continuous system)이 된다. 이러한 것은 주요 상태를 나타내는 변수에 의하여 구분되지만, 일반적으로 시스템은 수많은 변수들로 표현되고 있기 때문에 이산형과 연속형이 혼합되어 있다.

현실 세계를 그대로 생각하는 **자연적 시스템**(natural system)이 있고, 현실세계를 인위적으로 단순화시켜 재구성되는 **인위적 시스템**(artificial system)이 있다. 자연적 시스템에서는 일반적으로 많은 구성요소를 필요로 하므로 시스템의 표현과 분석이 매우 복잡하고 어렵다. 인위적 시스템은 조작이 편리하지만 현실세계를 얼마나 가깝게 설명할 수 있는지를 고려해야 한다.

1.2 시스템의 구성과 신뢰도

시스템은 여러 개의 구성요소로 이루어져 있어 복잡하게 보이지만, 일반적으로 복잡한 시스템을 세분화해 가면 몇 가지의 단순한 구조들의 결합으로 설명되는 경우가 많다. 이 절에서는 시스템의 신뢰도 문제를 통하여 단순한 기본구조를 익히도록 한다.

모두 n 개의 구성요소로 이루어져 있는 시스템을 생각해 보자. 각 구성요소의 현 상태를 작동(1)과 고장(0)으로 나타내고, 시스템의 현 상태도 작동(1)과 고장(0)으로 나타내는 경우만 생각한다. X_i 를 i 번째 구성요소의 상태변수라 하면

$$P(X_i = 1) = p_i\,,\ P(X_i = 0) = 1 - p_i$$

가 되고, p_i (i 번째 구성요소가 작동할 확률)를 i 번째 **구성요소의 신뢰도**(component reliability)라고 한다. 이들 변수들로 구성된 함수 Φ 가 시스템의 상태를 나타내는 변수라고 할 때, $P(\Phi = 1)$ 을 **시스템 신뢰도**(system reliability)라고 한다.

(가) 직렬시스템 (나) 병렬시스템

그림 1.2.1. 직렬시스템과 병렬시스템

시스템이 [그림 1.2.1]의 (가)에서 보듯이 체인처럼 한 줄로 구성된 경우에 **직렬시스템**(series system)이라고 하며, 각 구성요소의 상태변수가 서로 독립이라면 다음이 성립된다.

$$\Phi = \min\{X_1, X_2, \cdots, X_n\} = \prod_{i=1}^{n} X_i ,$$

$$P(\Phi = 1) = \prod_{i=1}^{n} p_i$$

직렬시스템에서는 구성요소들 중에 하나라도 고장이면 시스템도 고장이 된다. 그러므로 가장 약한 부품이 전체에 영향을 가장 많이 준다고 할 수 있다.

시스템이 [그림 1.2.1]의 (나)와 같이 병렬로 구성된 것을 **병렬시스템**(parallel system)이라고 한다. 각 구성요소의 상태가 서로 독립이라면 다음이 성립된다.

$$\Phi = \max\{X_1, X_2, \cdots, X_n\} = 1 - \prod_{i=1}^{n} (1 - X_i)$$

$$P(\Phi = 1) = 1 - \prod_{i=1}^{n} (1 - p_i)$$

병렬시스템은 부품 중에서 하나라도 작동하면 시스템이 작동하게 되며 따라서 가장 신뢰성이 높은 부품이 전체에 영향을 가장 많이 준다고 할 수 있다.

예 1.2.1

$P(X_i = 1) = p_i$, $i = 1, 2, \cdots, n$,일 때, 시스템을 이루고 있는 모든 구성요소들의 상태변수는 서로 독립이라고 가정하자. 즉,

$$P(X_1 = x_1, X_2 = x_2, \cdots, X_n = x_n) = \prod_{i=1}^{n} P(X_i = x_i)$$

이다. 여기에서 $x_i = 0$ 또는 1이다. 시스템이 다음과 같이 구성되어 있을 때 시스템 신뢰도를 각각 구하시오.

(1)

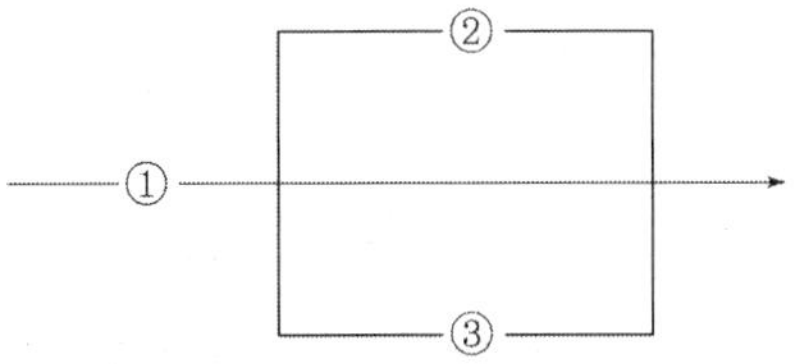

(2)

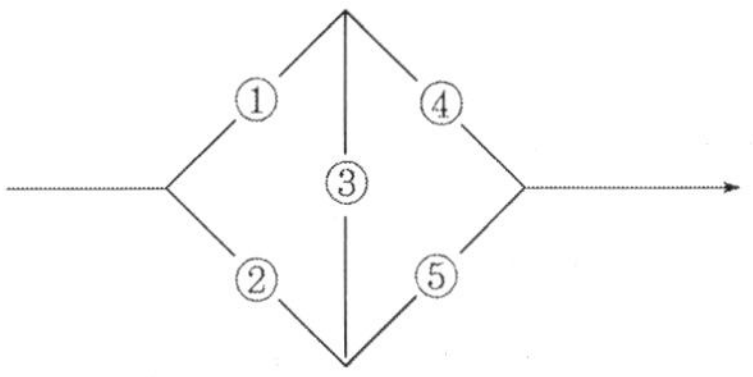

풀이

(1) (부품1)과 (부품2, 부품3)이 직렬시스템을 이루고, (부품2, 부품3)은 병렬구조를 이루므로 전체 신뢰도는 다음과 같다.

$$P(\Phi = 1) = p_1 \times (1 - (1 - p_2)(1 - p_3))$$

(2) 이런 형태를 **다리구조**(bridge structure)라고 한다. 세 번째 부품이 마치 다리의 역할을 하는 것처럼 보이기 때문이다. 이 시스템의 신뢰도를 구하는 방법은 여러 가지가 있으나, 다리 역할을 하는 세 번째 부품에 대하여 작동과 고장의 경우로 조건화시켜 시스템 신뢰도를 표현하면 다음과 같다.

$$P(\Phi = 1) = P(\Phi = 1 \mid X_3 = 1) P(X_3 = 1) + P(\Phi = 1 \mid X_3 = 0) P(X_3 = 0)$$
$$= P(\Phi = 1 \mid X_3 = 1) \times p_3 + P(\Phi = 1 \mid X_3 = 0) \times (1 - p_3)$$

다리가 이어진 형태가 되는 $X_3 = 1$인 경우는 (부품1, 부품2)와 (부품4, 부품5)가 직렬시스템을 이루고 있는 것으로 볼 수 있고, 부품1과 부품2는 병렬구조를, 부품4와 부품5는 병렬구조를 이루고 있는 형태가 된다. 다리가 끊어진 형태가 되는 $X_3 = 0$인 경우는 (부품1, 부품4)와 (부품2, 부품5)가 병렬시스템을 이루고 있고 부품1과 부품4는 직렬구조를, 부품2와 부품5는 직렬구조를 이루고 있는 형태가 된다. 그러므로

각각의 조건부 신뢰도는 다음과 같다.

$$P(\Phi=1 \mid X_3=1) = (1-(1-p_1)(1-p_2)) \times (1-(1-p_4)(1-p_5))$$
$$P(\Phi=1 \mid X_3=0) = 1-(1-p_1 \cdot p_4) \times (1-p_2 \cdot p_5)$$

위의 두 식을 전체 신뢰도 식에 대입하면 다음의 식을 얻는다.

$$P(\Phi=1) = (1-(1-p_1)(1-p_2)) \cdot (1-(1-p_4)(1-p_5)) \cdot p_3 + (1-(1-p_1 \cdot p_4) \cdot (1-p_2 \cdot p_5)) \cdot (1-p_3)$$

위 식에 부품의 신뢰도들을 구하여 대입하면 시스템 신뢰도를 구할 수 있다. ▮

예 1.2.2

[예 1.2.1]의 (1)의 구조에서 모든 부품의 신뢰도가 같다고 가정하자. 즉, $P(X_i=1)=p$, $i=1,2,\cdots,n$,이다. 이 시스템을 중복시켜 구성한 두 형태의 시스템(부품수준의 중복 형태, 시스템수준의 중복 형태)이 아래 그림으로 주어져 있다. 두 시스템의 신뢰도를 비교하시오.

(1)

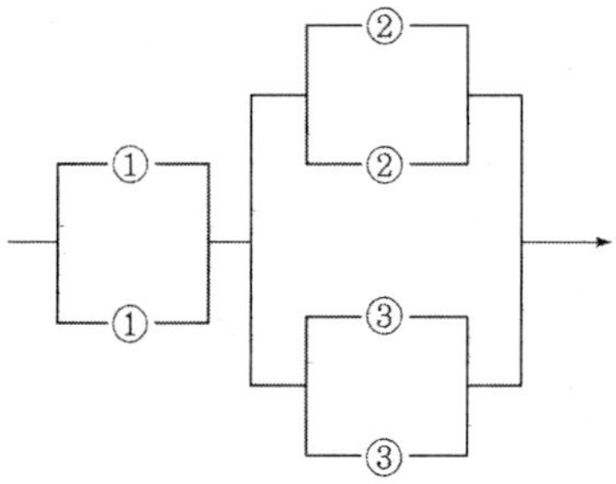

(2)

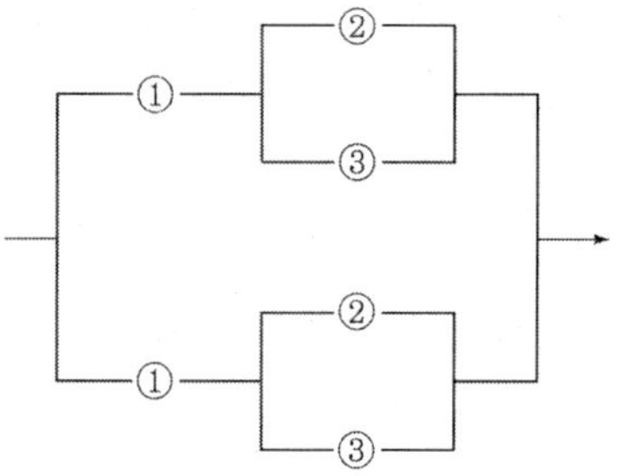

풀이

(1)의 시스템은 부품 수준에서 병렬로 중복을 한 것이며, (2)는 시스템 수준에서 병렬로 중복을 한 것이다. 사용된 부품의 개수가 같으므로 두 시스템의 신뢰도를 비교하는 것은, 동일한 비용으로 제품의 신뢰도를 높이기 위한 설계에서 의미가 있다.

(1)과 (2)의 시스템 신뢰도를 각각 p 의 함수 $h_1(p)$와 $h_2(p)$로 나타내면 다음과 같다.

$$h_1(p) = (1-(1-p)^2) \times (1-(1-(1-(1-p)^2))^2)$$
$$h_2(p) = 1-(1-p \times (1-(1-p)^2))^2$$

두 식의 관계를 부등식으로 증명하는 해석학적 방법이 있으나 여기에서는 부품의 신뢰도 p 값을 0.000부터 1.000까지 1.000 단위로 증가시켜가며 신뢰도 함수값을 비교하는 수치적 방법을 통하여 두 시스템의 신뢰도를 비교하기로 한다.

① R 프로그램

```
## comparison of two systems

options(digits=6)

# system reliability
p=seq(0,1,by=0.001)
h1=(1-(1-p)^2)*(1-(1-(1-(1-p)^2))^2)
h2=1-(1-p*(1-(1-p)^2))^2
h.dif=h1-h2
summary(h.dif)
results <- cbind(p, h1, h2, h.dif)
results
max(h.dif)
p.maxdif <- p[which.max(h.dif)]

# Plot
x11()
par(mfrow=c(1,2))
plot(p,h2,type="l",ylab="h",lty=2,lwd=2,
  cex.main=1.5,cex.lab=1.5,cex.axis=1.5)
  text(0.4,0.7,"h1",cex=1.5)
  lines(p,h1)
  text(0.4,0.3,"h2",cex=1.5)

plot(p,h.dif,type="l",ylim=c(0,0.15),ylab="h1-h2",
  lwd=1.5,cex.main=1.5,cex.lab=1.5,cex.axis=1.5)
```

② 부품 신뢰도에 따른 신뢰도 및 차이 계산 결과

```
            p          h1          h2       h.dif
  [1,] 0.000 0.00000e+00 0.00000e+00 0.00000e+00
  [2,] 0.001 7.98401e-06 3.99800e-06 3.98602e-06
  [3,] 0.002 3.18722e-05 1.59839e-05 1.58883e-05
  [4,] 0.003 7.15691e-05 3.59457e-05 3.56235e-05
  [5,] 0.004 1.26980e-04 6.38710e-05 6.31086e-05
          ...         ...         ...        ...
[370,] 0.369 5.06428e-01 3.94838e-01 1.11590e-01
[371,] 0.370 5.08094e-01 3.96499e-01 1.11594e-01
[372,] 0.371 5.09758e-01 3.98161e-01 1.11597e-01
[373,] 0.372 5.11419e-01 3.99823e-01 1.11596e-01
[374,] 0.373 5.13079e-01 4.01486e-01 1.11593e-01
[375,] 0.374 5.14736e-01 4.03149e-01 1.11588e-01
[376,] 0.375 5.16392e-01 4.04812e-01 1.11580e-01
          ...         ...         ...        ...
```

```
 [998,] 0.997 9.99991e-01 9.99991e-01 5.38375e-08
 [999,] 0.998 9.99996e-01 9.99996e-01 1.59679e-08
[1000,] 0.999 9.99999e-01 9.99999e-01 1.99800e-09
[1001,] 1.000 1.00000e+00 1.00000e+00 0.00000e+00
```

③ 기초통계치

```
  Min.  1st Qu.  Median    Mean  3rd Qu.    Max.
 0.000  0.0109   0.0497  0.0523  0.0930  0.1120
```

④ p 값에 따른 차이 신뢰도의 차이 $h_1(p) - h_2(p)$ 그림

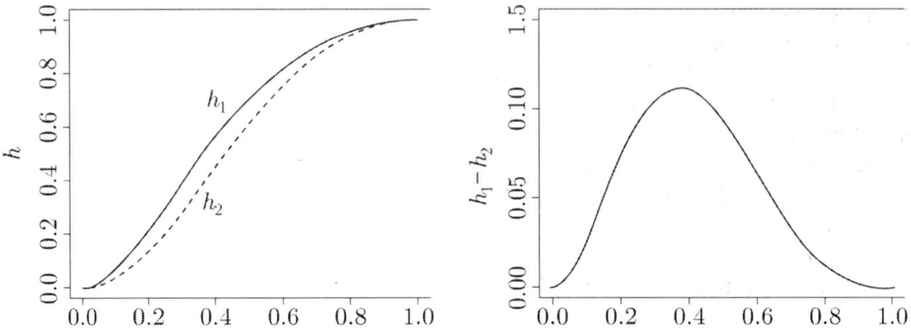

⑤ **결과 분석**: 그림에서 보듯이 부품 수준에서 병렬로 중복시킨 시스템 신뢰도 $h_1(p)$는 시스템 수준에서 병렬로 중복시킨 시스템 신뢰도 $h_2(p)$보다 항상 높다. 최대 차이는 $p = 0.371$에서 0.1116이다. ∎

1.3 모형

현실세계의 구조와 변화 패턴을 있는 그대로 고려하는 **자연 시스템**은 수많은 구성요소가 있어 분석이 쉽지 않다. 일반적으로 변수의 수가 매우 많아 연산횟수가 매우 커지고 시스템의 논리적 구성도 쉽지 않아 결과적으로 문제 해결이 불가능해진다. 따라서 시스템을 분석하기 위하여 먼저 단순화 작업부터 해야 한다. 수많은 구성요소 중에서 중요하다고 판단되는 요소들을 선정하고 이들로 단순한 형태의 시스템을 구성하는 단순화 작업을 해야 한다. 시스템의 단순화 과정을 **모형화**(modeling)라고 하고 단순화되어 자연 시스템의 추상적 대응이 되는 것이 **모형**(model)이며, 모형이 하나의 식으로 표현될 때 이를 **모형식**이라고 한다. 일반적으로 모형은 여러 개의 식이 논리적 구조로 연결된 **알고리즘**(algorithm) 형태로 나타난다. 프로그램은 이러한 알고리즘으로 구성되어 있으며, 효율적인 알고리즘을 구하는 것이 바로 전산통계의 목적이라고 할 수 있다.

모형은 단순화과정을 통하여 자연 시스템의 구조를 나타낸 대응이다.

좋은 모형의 판단은 자연적인 시스템과 얼마나 비슷하도록 단순화가 이루어졌는지를 살피는 것이 중요한 기준이 될 것이다. 현실과의 타협으로 만들어지는 모형은 다음의 조건을 갖추어야 한다.

[조건 1] 자연적 시스템의 주요 구성요소를 포함하여야 한다.

[조건 2] 분석 작업 환경에 맞추어 시스템 분석이 현실적으로 가능하도록 단순화가 이루어져야 한다.

[조건 3] 자연적 시스템에서 관측된 값과 모형에 의하여 생성된 값의 차이가 작아야 한다.

모형을 통하여 무엇을 해결하고자 하는지를 명확하고 구체적인 가설로 설정하고 난 후에 모형화 단계에 들어가야 한다. 이는 프로그래밍을 할 때, 원하는 출력 결과가 무엇인지를 결정하고 난 후에 입력자료의 종류와 형태를 정하고, 처리과정을 생각하는 것과 같다.

모형화를 위한 기본적인 단계를 모형식을 이용하는 경우로 예로 들면 [그림 1.3.1]과 같다. 모형식의 형태를 결정하는 **모형식별**(model identification) 단계가 첫 단계가 되며, 이어서 선정된 모형식의 형태를 결정하는 계수들을 조사된 자료들을 이용하여 추정하는 **모수추정**(parameter estimation) 단계가 있으며, 추정된 모형식이 현실세계에서 조사된 실제 자료값 사이의 관계를 얼마나 설명하고 있는지를 조사하는 **모형진단**(model diagnostics) 단계가 필요하다. 실제 자료와 추정값의 차이가 작을수록 모형이 좋다는 것은 자연스런 생각이다. 그러나 추정값의 차이가 작다고 하더라도 모형을 추정하기 위하여 사용된 자료 개수와 추정 대상

그림 1.3.1. 모형화 단계

이 되는 모수 개수가 같거나 비슷한 경우에는 문제가 되며 더 많은 자료를 추가하여 추정하거나 모형의 검증을 신중히 수행하여야 한다. 모형이 쓸만하다고 판단되면 모형을 활용하여 **의사결정**(decision-making)이나 다른 실험에 사용하면 될 것이다.

관측된 자료를 가지고 모형식을 추정하는 것은 다음의 조건이 만족된다는 가정 아래 이루어져야 한다.

(1) 조사된 자료들이 현실세계에 나타날 수 있는 자료 전체를 대표하는 표본이어야 한다.
(2) 자료들 전체가 하나의 특성을 유지하고 있으므로 고려된 모형식을 가지고 설명할 수 있다.
(3) 미래값을 예측하고자 할 때 과거의 자료들이 보이고 있는 변화 패턴이 미래에도 그대로 유지가 된다는 확신이 있어야 한다.

복잡한 시스템을 모형화 하는 경우에 단순화시켰더라도, 일반적으로 모형의 잠재적 구성요소가 많고 그들이 갖는 상태의 범위가 넓어서 모형 식별을 위하여 많은 노력과 시간이 소요되므로, 모형의 조건을 변화시켜가며 좋은 모형을 선택하는 데 어려움이 많다. 이러한 경우에는 구성요소를 더욱 단순화시키고 범위도 축소하는 등 자연적 시스템과는 차이가 있다고 할지라도, 시스템의 구성은 비슷한 **축소시스템**(pilot system)을 이용하여 어느 정도 분석 방향을 잡아가며 점차 현실에 가깝게 만들어 가는 것이 유용하다.

모형은 자연적 시스템을 단순화하여 분석하기 위한 것이므로 모형의 구조의 형태와 결과의 형태에 따라 여러 가지의 종류로 구분할 수 있다. 먼저 모형 구조의 형태에 따라 **물리적 모형**(physical model)과 **상징적 모형**(symbolic model)으로 구분된다. 물리적 모형은 인형, 축소된 도시, 비행기 모형과 같이 실제와 동일한 모습으로 **축소시킨 모형**(iconic model)과 로봇처럼 유사 기능과 형태를 가지도록 한 **상사모형**(analog model)을 말한다. 상징적 모형은 논리적 표현이나 수식을 사용하여 구성된 모형으로 추상적인 형태의 모형이 되며 **수학적 모형**(mathematical model)이라고도 한다. 이 책에서 우리가 다루게 될 모형은 주로 수학적 모형이다. 수학적 모형은 모형이 변수들의 관계로 이루어진 식으로 된 경우가 많아 변수의 추가, 제거와 변환 등 모형의 변형이 용이하고 이해하기 쉬우며 전산 프로그래밍을 통한 확률적 모의실험과 같은 시스템 분석에 가장 많이 사용된다.

수학적 모형과 물리적 모형 중 어느 것이 더 좋은지는 경우에 따라 다르다. 예를 들어, 은행업무 시스템이나 병원업무 시스템과 같이 복잡한 시스템에서 업무 환경의 변화와 주요 구성요소의 속성에 따른 변화 형태를 살피고 업무의 최적환경과 조건을 구하기 위해서는 수학적 모형을 통하여 분석하는 것이 좋고, 댐 건설이나 바다의 매립에 의한 지형과 환경의 변화 문제나 비행기의 양력 시험과 같은 것은 풍동을 이용한 물리적 모형으로 가속화 실험하는 것이 좋을 것이다. 부실기업의 진단 경우에도 회사에 대한 많은 수치와 비율을 표시하는 것보다 이 값들을 얼굴의 구성요소와 대응시켜 밝은 표정이면 우량기업을 나타내고 어두운 모습이면 부실기업을 나타내도록 하는 것이 일반인들에게 더 올바른 판단을 유도하여 줄 것이다.

시스템을 사진 찍듯이 정해진 시각에서 분석하는 경우도 있고 시간의 흐름에 따라 변화하는 모습을 분석하는 경우도 있다. 어느 한 종류의 곤충을 연구하기 위하여 어느 시점에 존재하는 모든 개체를 조사하는 방법이 있고, 곤충 한 마리의 일생을 조사하는 방법이 있는 것과 같다. 시간의 변화에 대하여 영향을 받지 않는 모형을 **정적모형**(static model)이라고 하고, 시간의 변화에 대하여 영향을 받는 모형을 **동적모형**(dynamic model)이라고 한다.

실제 시스템을 단순화한 것이 모형이므로 모형에서 고려되지 않은 구성요소가 많이 있을 것이며 이들의 변화에 의하여 시스템의 상태가 영향을 받을 것이다. 이들의 영향은 모형에서 선택된 변수가 아니므로 분석자에 의하여 제어되지 못하며 **오차항**(error term)으로서만 모형에 포함된다. 이러한 오차항은 분석자에 의하여 제어되지 못하므로 일반적으로 **확률변수**(random variable)가 된다. 이와 같이 오차항과 같은 확률변수를 포함하는 수학적 모형을 **확률적 모형**(stochastic model)이라고 한다. 이에 대하여 확률변수가 포함되지 않은 모형은 **결정적 모형**(deterministic model)이라고 한다. 자료 통신에서 일정한 시각에 일정한 양의 자료가 일정한 장소로 전송된다면 이는 결정적 모형이 되며, 자료의 전송시각이나 전송량이 어떤 분포에 따라 변동하며 발생한다면 이는 확률적 모형이 된다. 3장 몬테카를로 적분과 같이 결정적 모형 문제라 할지라도 확률적 모형을 가지고 문제를 해결하기도 한다. 13장 통계적 모의실험은 주로 확률적 모형을 사용한다.

확률적 모형은 실험에서 선택되어 제어 가능한 변수들에 의하여 설명되어지는 부분과 오차항에 의하여 영향을 받는 두 부분으로 구분된다. 시스템의 변화패턴이 추정된 모형에 의하여 잘 설명이 된다면 모형의 의미는 그만큼 커질 것이며, 오차항의 영향이 무시할 수 없을 만큼 크다면 추정된 모형으로 시스템을 설명하기에는 어려움이 많을 것이다. 더욱이 오차항이 설명될 수 있는 변화패턴을 가지고 있다면 시스템에 대하여 더 나은 설명을 할 수 있도록 모형이 수정 및 보완되어져야 한다. 그러므로 시스템의 변화 현상에서 추정된 모형의 변화패턴을 제거하였을 때 더 이상의 변화패턴이 설명되지 않는 경우에만 올바른 의미의 오차항이 될 것이다. 그러나 중요하다고 판단되는 구성요소를 모형에 포함시킨 후 나타난 잔차에 설명될 수 있는 변화패턴이 있다고 할지라도 전체 시스템에 주는 영향을 생각하여 모형을 보완할 것인지를 결정하는 것은 현실적인 선택이 될 것이다. 통계적 이론을 기초로 확률적 모형을 분석하는 것은 당연하지만 때로는 이론적 근거를 위한 자료의 제한조건과 모형의 활용에는 현실적인 문제가 개입되기 때문이다.

본 교재에서는 주로 **수치해석적 방법**(numerical method)을 이용한 추정 알고리즘을 소개하고 있다. 수치해석적 방법은 수열의 수렴성 조건을 만족해야 하므로 조건이 맞는지 유의하여야 하며 계산과정과 결과가 수열(sequence)로 나오기 때문에 주어진 허용오차(tolerance)에 의하여 반복을 중단하므로 과정과 결과의 이해가 중요하다.

1.4 프로그래밍 기법

1.4.1. 프로그래밍 단계

프로그램은 시스템의 구성요소의 형태와 내적 관계는 물론 자료의 흐름을 파악하여 논리적 처리행로로 표현하고, 변수의 정의와 계산 순서의 구조로 시스템의 형태와 기능을 대신할 수 있도록 구성되어야 하며, 시스템의 정상 기능뿐만 아니라 잘못된 경우에 대한 처리과정도 포함하고 있어야 한다. 하나의 알고리즘으로 이루어지는 작은 시스템이나 수많은 프로그램들로 구성된 큰 규모의 시스템이나 적용되는 프로그래밍 단계는 거의 동일하며, 다음의 네 단계로 구성된다.

(1) 조사 단계

프로그램의 목적과 문제점을 파악하는 것이다. 업무 관리자와 면담을 통하여 업무의 흐름과 문제점을 도출하여야 한다. 예를 들어, 예보모형 개발이 목적인 경우에 실제 예보업무의 형태와 자료수집 단계를 이해해야 올바른 예측인자를 선택할 수 있다.

새로운 시스템인 경우에는 구성요소와 내적·외적 관계를 충분히 고려할 수 있는 상상력이 요구된다. 다양한 자료들의 흐름을 상상으로 따라가며 시스템의 운용 형태를 파악하는 것이 중요하다.

(2) 설계 단계

프로그램의 기본 구성은 입력(input) – 처리(process) – 출력(output)으로 이루어지며 다음을 고려하여 설계된다.

첫째, 프로그래밍의 가장 큰 목적은 올바른 기능을 수행하여 올바른 결과를 얻어내는 것이다. 따라서 출력의 종류, 형태, 저장매체를 가장 먼저 결정한다.

둘째, 원하는 출력을 얻기 위해 필요한 입력 자료를 선정한다. 즉, 입력 자료의 종류, 형태, 저장매체, 입력방법 등을 결정한다.

셋째, 입력이나 출력을 실제자료 그대로 입출력하기도 하지만 다양한 분석의 편리성을 위하여 부호화(encoding)하는 것이 유익하다. 부호는 자료들이 서로 구분되도록 전산처리에 용이하고, 집약된 형태를 지녀야 하며, 표준화되어야 하고, 삽입과 삭제가 가능하도록 해야 하며 통계 처리될 수 있도록 체계적으로 구조화되어야 한다.

넷째, 4W1H의 원리에 따라 각 세부 단계에서의 문제점을 기술하여 시스템이 한눈에 들어올 수 있도록 해야 한다. 입력 자료의 흐름을 통제하는 처리과정을 설계하여 시스템 구조도를 작성하고 시스템의 각 처리 과정을 위한 프로그램의 입력과 출력들을 구체적으로 정의한다.

(3) 개발 단계

시스템 처리과정의 각 단계를 프로그래밍하고 연결시키는 단계로 프로그램 구조화 단계, 프로그램 작성 단계, 프로그램 테스트 단계로 구분된다. 프로그램의 구조를 단순화하여 처리과정을 직선화시키는 **구조화 프로그래밍**(structured programming)이 보편화되어 있으며, **구조도**(structure diagram)가 유용하다. 처리과정의 순서와 포함관계를 알기 쉬운 문장으로 표현한 **처리행로**(pseudo-code)를 작성한다. 처리행로는 변수나 명령문으로 집약된 표현으로 프로그램 작성자로 하여금 논리적 이해의 폭을 훨씬 넓혀 준다. 처리행로는 구조화 프로그래밍 기법으로 작성되어야 한다.

프로그램에 사용될 변수를 정하여 변수리스트를 작성하는 것도 이 단계에 속한다. 실제의 용도에 맞도록 변수명을 정해주는 **객관화 프로그래밍**을 하는 것은 중요하다. 유충현 외(2005)는 변수명 작성에 유용한 제안을 하고 있다. 첫째, 무의미한 변수명(예: aa, bb)은 사용하지 않는다. 둘째, 반복문에서 사용하는 첨자는 i, j, k 등을 사용한다. 셋째, 영문단어의 모음을 빼고 축약한다(예: amount는 amt, year는 yr로 축약). 넷째, 사용할 단어가 결합어인 경우 "."로 결합한다(예: total amount는 tot.amt로 표현).

처리행로와 변수리스트를 보고 선정된 프로그램 문법에 맞도록 프로그래밍을 하고, 처리과정이 올바르게 작성되었는지를 여러 가지 테스트 자료를 이용하여 시험하여야 한다. 프로그램의 문법오류(syntax error)는 물론 논리오류(logical error)를 검출하고 수정하기 위하여 일부러 잘못된 자료들을 다양하게 입력시켜 보는 것도 중요하다.

모든 것이 이상이 없다고 판단되면 시스템의 구조와 프로그램들을 **문서화**(documentation)

하여 시스템의 이해와 보완 및 변화에 활용할 수 있도록 하여야 한다. 프로그램의 일반화를 위한 변수 입력이나 변수 형태의 융통성을 배려하는 것 또한 유익할 것이다.

(4) 구현화 단계

작성된 프로그램을 수행하여 출력을 얻어 실제 시스템 기능과 목적에 맞는지 비교하여야 한다. 프로그램의 논리적 오류의 검출은 일반적으로 쉽지 않다. 프로그램 결과를 그대로 확신하지 말고 현실성과 신뢰성이 있는지 자료와 구성요소의 속성을 살펴가며 확인해보는 습관을 가져야 한다. 이를 위하여 수치적 결과 외에도 통계적 자료분석과 그림 등 다양한 출력을 작성하여 활용하여야 한다.

1.4.2. 구조화 프로그래밍

'전체를 부분으로 나눈 후 각 부분을 분석하고 다시 종합하면 전체를 알 수 있다'는 것은 시스템 모형화와 분석에서 사용되는 패러다임이다. 프로그램 작성에서도 이런 과정을 적용하여 프로그램 설계의 신뢰성을 높이는 노력이 시도되어 왔다. 구조화 프로그래밍은 1964년 이스라엘 수학자인 Bohm과 Jacopini에 의하여 제시되었다. 구조화 프로그래밍에서는 복잡한 구조의 처리과정이라고 할지라도 다음의 기본 원리로 표현할 수 있다.

(1) 전체 프로그램은 몇 개의 부분(module)으로 나눌 수 있으며 모든 모듈은 단일입구－단일출구로 되어 있다.
(2) 각 모듈은 계속 세부적으로 나눌 수 있으며 세부구조는 순차제어구조, 조건제어구조, 반복제어구조 중 하나로 표현된다.

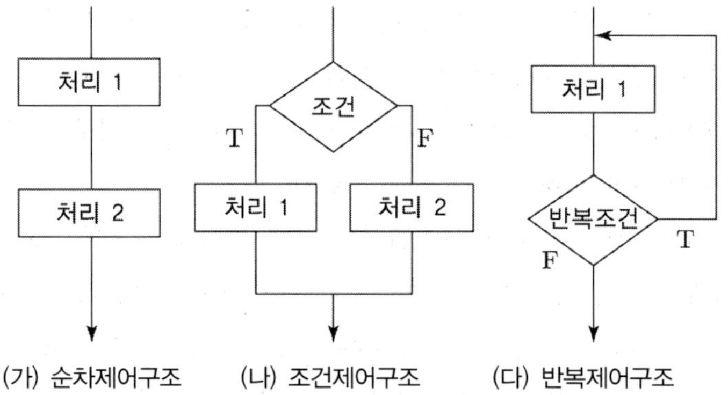

그림 1.4.1. 구조화 프로그램의 기본 구조

순차제어구조는 [그림 1.4.1]의 (가)처럼 구성되며 하나의 처리가 끝나면 다음 처리가 시작되는 구조이다. **조건제어구조**는 (나)처럼 구성되며 주어진 조건문이 만족되면 <처리 1>이 수행되고, 만족하지 않으면 <처리 2>가 수행되는 구조이다. **반복제어구조**는 (다)처럼 구성되며 반복조건이 만족되는 한 <처리 1>이 계속되고 반복조건이 만족되지 않으면 반복을 중단하고 빠져 나오는 구조이다.

전체 프로그램의 구조를 보면 위에서 언급한 세 가지 기본 구조에 의하여 몇 개의 모듈(부프로그램과 비슷한 개념으로 하나의 일을 수행한다)로 나누어지고 모듈은 다시 몇 개의 부모듈로 나누어지고 각 부모듈은 다시 몇 개의 구조로 나누어지는 형태를 가진다. 이렇게 프로그램이 [그림 1.4.2]와 같은 형태를 갖도록 나타낸 것이 **구조도**이다.

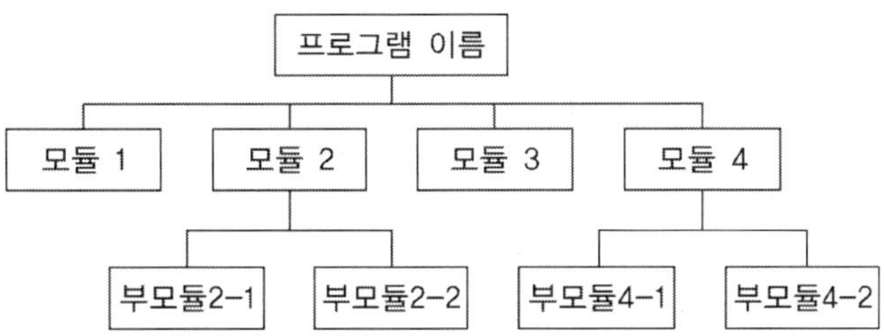

그림 1.4.2. 구조도의 예

구조화 프로그래밍을 위하여 다음에 열거한 규칙을 지키는 것이 중요하다.

(1) 무조건 분기문을 가능한 사용하지 않는다.
(2) 전체를 크게 부분으로 나누고 점차적으로 세분화하는 방법으로 구조화하여야 한다.
(3) 프로그램 안에 주석문(comment)을 써서 프로그램 내용에 대한 설명을 제공하여 프로그램의 이해를 도와주어야 한다.
(4) 원시 프로그램(source program)의 형태가 구조도의 포함관계에 따라 들쑥날쑥 표현되는 톱니바퀴(indentation) 기법을 써서 프로그램 구조가 시각적으로 나타낼 수 있도록 표현하여야 한다.
(5) 프로그램 작성자 자신이 입력자료가 되어 흐름을 따라가며 처리과정을 눈으로 세밀히 검토(eye-debugging)하는 것이 논리적 오류를 찾기에 용이하다.

1.5 모의실험

회귀분석이나 실험계획법에서와 같이 모형이 하나의 식으로 표현되는 경우에는 분석하기도 쉽고 다른 모형들 간의 비교가 용이하다. 그러나 많은 변수가 복잡한 구조로 시스템을 구성하고 있는 경우에는 단순화하기란 매우 어려운 일이다.

실제 시스템을 모형화하여 가상적인 모형을 수행하여 시스템의 변화에 따른 과정과 결과를 분석하는 기법을 **모의실험**(simulation)이라고 한다. 분석 목적에 따라 구성요소들 사이의 관계를 변수들을 이용하여 표현하고 처리과정을 논리화하여 알고리즘으로 구성하고 난 후에, 전산 프로그램을 이용하여 시스템을 운용하며 과정과 결과를 출력하여 분석에 이용하여야 한다.

모의실험은 해석적 방법으로 최적해를 찾기가 어려울 때 마지막 방법으로 사용되는 것으로 인식되어 왔지만, 이제는 통계학을 비롯한 많은 분야에서 최우선적으로 고려되는 방법이 될 정도로 활용도가 크게 높아졌다. 그러나 실제 시스템과 모의실험에서의 모형과 기능이 유의하게 다른 경우에는 결과에 대한 신뢰성이 떨어지며, 올바른 모형화와 모의실험을 위하여 시스템의 구조와 종류에 대한 많은 지식과 논리화 과정 및 실험에 소요되는 시간이 요구되므로 이에 대한 세밀한 검토가 필요하다. 모의실험의 장단점을 필자의 경험과 Naylor 외(1966)의 저서 '전산 모의실험 기술'의 내용을 바탕으로 하여 살펴보면 다음과 같이 요약할 수 있다.

(1) 실제 시스템에서 자료를 얻기가 불가능하거나 비용이 많이 드는 경우나 파괴적인 실험이 불가피한 경우에 모의실험방법이 선택된다.

(2) 많은 변수들로 이루어진 복잡한 구조의 시스템 분석을 위하여 모의실험은 필수적인 방법이 된다. 특히 시스템의 구성요소들 사이의 내적 관계의 연구에 유용하다.

(3) 외부환경의 변화와 내부 구성의 변화에 따른 시스템의 반응 및 효과를 분석할 수 있다. 뿐만 아니라 효과에 따른 구성요소들의 중요도를 알아볼 수 있으며 새로운 요소의 추가에 따른 문제점을 파악할 수 있다.

(4) 복잡한 시스템의 변화를 파악할 수 있으며 따라서 최적 시스템의 구성조건을 알고자 하는 경우에 여러 가지 조건을 변화시켜가며 모의실험을 하여 비교 분석한 후 최적 조건을 선택할 수 있다.

(5) 확률과정의 변화현상과 같이 시스템의 운행을 동적 모형으로 살펴볼 수 있어 이론적

인 강의와 병행하여 교육용으로 모의실험을 사용할 경우 효과가 크다.

(6) 모의실험은 구조적으로 파악하여 주요 구성요소를 선정하므로 실제 시스템보다 요소들의 제어에 손쉬우며 정밀도가 높은 결과를 도출할 수 있어 모의실험의 과정과 결과에 따른 정보 가치가 더 크다.

(7) 새로운 사업의 계획단계 또는 공장자동화를 위한 새로운 공정의 도입 등 기존 시스템에 관한 정보가 거의 없는 경우에 모의실험은 의사결정에 큰 도움을 준다.

(8) 모의실험은 전체 시스템을 몇 개의 부시스템(subsystem)으로 나누어 분석하기에 손쉬워 각 부시스템의 운용 전문가에 의하여 시스템을 모형화할 수 있다.

(9) 일반적으로 모의실험은 수치해석 방법을 사용하므로 정확한 값보다 근사치 또는 수열을 제공하므로 결과분석에 유의하여야 한다.

(10) 실제 시스템을 잘 설명할 수 있는 모형을 사용하여야 올바른 실험이 되므로 시스템의 구성 및 운용을 위한 이론과 알고리즘에 대한 풍부한 경험과 높은 지식을 요구한다. 따라서 새로운 실험을 위하여 많은 분석과 프로그래밍 시간이 필요하다. 그러므로 전문가에 대한 비용이 많이 들 수 있다.

(11) 통계분포가 모의실험에 포함되는 경우에는 실제의 분포가 어떠한 형태인지 알기 위하여 많은 시간 동안 자료 조사 및 검토가 선행되어야 한다.

모의실험은 크게 두 가지의 종류로 나누어진다. **사람과 기계 사이에 이루어지는 모의실험**(man-machine simulation)과 **프로그램으로 수행하는 모의실험**(operational gaming simulation)이 있다. 앞의 경우에 대한 대표적인 것으로 비행기 조종사의 훈련을 위한 시뮬레이터는 실제 조종석 모양의 기구 안에서 조작에 따른 화면의 변화를 프로그래밍한 모의실험이다. 마치 실제 상황인 것처럼 조종 훈련이 가능하며 잘못된 조작이 있더라도 조종사와 비행기는 안전하니 시뮬레이터의 효용성은 대단한 것이다.

프로그램으로 수행하는 모의실험에 해당하는 **통계적 모의실험**(stochastic simulation)은 통계적 실험이 포함된 모의실험으로 하나 이상의 확률변수가 구성요소로서 실험에 관여된다. 통계적 모의실험을 위하여 사용되는 확률변수값을 생성하기 위하여, 2장에서 설명되는 난수생성법과 확률변수값의 생성법을 사용한다. 통계적 모의실험을 위하여 확률분포가 어떻게 사용되는지 느껴보기 위하여 다음 예제의 변화과정을 상상하기 바란다.

예 1.5.1

좌석버스 대기 시스템 모의실험

어느 좌석버스 정류소에서 버스 승객이 정류소에 도착 후 승차까지 기다리는 대기시간의 분포를 알아보고자 한다. 입석은 허용되지 않는다고 가정하고 3,000분 동안의 모의실험을 하여 승객의 대기시간의 평균을 추정하시오. 관련 변수의 분포는 다음과 같다.

(1) 승객 도착간격시간의 분포는 평균이 3분인 지수분포에서 15분 이하만 선택하는 절단지수분포.

(2) 버스 도착간격시간은 $N(15, 25)$에서 0분과 30분 사이의 값만 선택하는 절단정규분포.

(3) 도착한 좌석버스의 빈자리는 평균이 5인 포아송 분포.

풀이

모의실험을 위한 알고리즘의 구성방식에는 고정시간 진행방식과 사건 진행방식이 있다. **고정시간 진행방식**은 일정한 시간 간격으로 사진 찍듯이 변수를 생성해 가는 방식이며, **사건진행방식**은 승객의 도착 또는 버스의 도착과 같은 사건이 발생할 때만 시간을 진행시키는 방식이다. 일반적으로 사건 진행방식이 프로그래밍에 더 효율적이다.

가. 실험의 목적: 승객 한 사람당 대기시간의 평균의 추정

나. 시스템의 구성:

① 구성요소: 버스, 승객, 빈좌석

② 속성: 버스 도착간격시간, 승객의 도착간격시간, 빈좌석수

③ 변수: 승객 대기시간 총합, 승객 한 사람당 대기시간 평균, 버스 도착간격시간 분포, 승객 도착간격시간 분포, 빈좌석수 분포

④ 사건: 승객 도착, 버스 도착

다. 사건진행방식에 위한 처리행로:

[1] 버스 도착간격시간과 빈좌석수의 반복 생성: 도착간격시간의 합이 100시간이 될 때까지 배열의 형태로 다음을 생성한다.

[1.1] 절단정규분포에 따르는 확률변수값을 생성한다. 확률변수값의 누적으로 각 버스의 도착시각 $B(i)$를 생성한다.

[1.2] 포아송 분포에서 도착하는 버스에 해당하는 빈좌석수 $E(i)$를 생성한다.

[2] 승객의 도착간격시간의 반복생성: 도착간격시간의 합이 100시간이 될 때까지 배

열의 형태로 다음을 생성한다.

[2.1] 지수분포에 따르는 확률변수값을 생성한다. 확률변수값의 누적으로 각 승객의 도착시각 $C(j)$를 생성한다.

[3] 시스템의 운행: 버스도착시각 배열 첨자 i 값을 1부터 1씩 증가시키며 다음을 수행한다.

[3.1] j 값을 k 값부터 $k+E(j)-1$까지 1씩 증가시키며 다음을 수행한다.

(반복조건) FIFO(First In First Out)이므로 먼저 와서 기다리는 승객부터 도착하는 버스의 빈좌석수만큼만 승차 가능하다.

$B(i)$보다 $C(j)$가 같거나 작으면, $B(i)-C(j)$를 계산하여 총대기시간 TQ에 저장하고 승객총수 TC를 하나 증가시킨다.

$B(i)$보다 $C(j)$가 크면 [3.1]의 반복과정을 빠져나가 [3.2]로 간다.

[3.2] 현재의 $j+1$ 값을 k 값에 옮기고 [3]의 반복을 계속한다.

[4] 평균대기시간의 계산: 총대기시간 TQ를 승객총수 TC로 나누어 한 승객당 평균대기시간을 계산한다.

라. 사건진행방식에 따른 시스템 운행의 예: 주어진 자료를 가지고 시스템을 운행하며 변수값의 변화를 살펴보라.

① 버스 도착간격시간 자료: 12, 15, 19, 5, 13, 14, 20, 18, 10, 15, …

② 버스 도착시각: 12, 27, 46, 51, 64, 78, 98, 116, 126, 141, …

③ 도착 버스 빈좌석수 자료: 3, 6, 4, 2, 5, 7, 0, 5, 6, 8, …

④ 승객 도착간격시간: 5, 2, 1, 2, 3, 6, 2, 14, 6, 3, 3, 0, 1, 5, 3, 2, 4, 4, 1, 2, 2, 3, …

⑤ 승객 도착시각: 5, 7, 8, 10, 13, 19, 21, 35, 41, 44, 47, 47, 48, 53, 56, 58, 62, …

버스도착 사건을 중심으로 한 사건진행방식을 고려해 보자.

[버스 1] 도착시각: 12분, 빈좌석수: 3명

승차한 승객의 도착시각: 5, 7, 8

대기시간 총합의 현재 값 TQ = (12 − 5) + (12 − 7) + (12 − 8) = 16

승차승객 누계 TC = 3

현재까지의 평균대기시간 AQ = 5.3333

k값 k = 3 + 1 = 4

출발 후 빈자리수 누계 TE = 0

[버스 2] 도착시각: 27분, 빈좌석수: 6명

승차한 승객의 도착시각: 10, 13, 19, 21

대기시간 총합의 현재 값 $TQ = 16 + (27-10) + (27-13) + (27-19) + (27-21)$

$= 16 + 45 = 61$

승차승객 누계 $TC = 3 + 4 = 7$

현재까지의 평균대기시간 $AQ = 8.7143$

k값 $k = 7 + 1 = 8$

출발 후 빈자리수 누계 $TE = 2$

[버스 3] 도착시각: 46분, 빈좌석수: 4명

승차한 승객의 도착시각: 35, 41, 44

대기시간 총합의 현재 값 $TQ = 61 + (46-35) + (46-41) + (46-44) = 61 + 16 = 77$

승차승객 누계 $TC = 7 + 3 = 10$

현재까지의 평균대기시간 $AQ = 7.7$

k값 $k = 10 + 1 = 11$

출발 후 빈자리수 누계 $TE = 2 + 1 = 3$

버스	도착 시각	빈좌 석수	승차 승객수	승차 승객수 누계	출발후 빈자리수 누계	대기시간 누계	평균대기 시간	k
1	12	3	3	3	0	16	5.333	4
2	27	6	4	7	2	61	8.714	8
3	46	4	3	10	3	77	7.7	11
…	…	…	…	…	…	…	…	…

이와 같은 진행을 버스 도착시각 기준으로 3,000분에 다다를 때까지 수행하여 평균대기시간을 구하면 된다. 그 외의 필요한 정보도 사건을 진행시켜가면서 해당시킨 변수로 저장하면 될 것이다. 통계적 실험에서도 생성되는 자료들의 종류와 변화를 느끼고 처리행로에 의한 변수값의 변화가 동영상처럼 떠오를 수 있도록 노력하여야 한다. ∎

1.6 모형 진단

모형이란 복잡한 자연 시스템를 단순화하여 분석이 쉽도록 고려된 것이므로 항상 실제 시스템과의 차이가 발생한다. 모형을 구성하고 있는 요소를 잘못 선택한다면 결과를 믿을 수 없을 것이다. 잘못된 자료를 사용하면 모형이 아무리 훌륭하다고 할지라도 엉터리 결과가 나올 것이다. 이러한 문제보다 더 심각한 것은 모형을 잘못 선정하여 나타나는 오류이다. 모형은 실제 자료와 밀접한 관계를 가지고 있어야 하므로 당연히 모형에 의한 결과와 현실에서 발생되는 자료는 높은 상관관계를 가져야 한다. 모형 선정과 구조는 자료 관측으로 시작되며, 추정된 모형 결과를 보고 다시 자료에 의하여 수정된다. 모형과 자료와의 관계는 닭과 달걀의 관계처럼 서로 앞서고 뒤서고 하는 것이기 때문이다.

모형이 **오차항**(모형에서 고려되지 못한 요소들의 영향을 모은 것)을 포함하는 통계적 모형에서는 오차항에 주어지는 가정을 바탕으로 통계적 추정과 검정이 이루어진다. 오차항은 계산될 수 없으므로 오차항의 특성을 조사하기 위하여 **잔차**(residual)를 분석하는 방법을 사용한다. 잔차는 추정된 모형식으로 계산되는 추정값과 실제 자료의 차이로 정의된다. 잔차들이 오차항의 가정을 만족할 때 추정된 모형이 최적일 가능성이 높아진다. 따라서 회귀분석, 분산분석, 시계열분석을 비롯하여 대부분의 통계적 모형에서 잔차분석은 필수적이다.

미래값을 예측하기 위하여 모형식을 사용하는 경우에 과거 시계열자료의 변화패턴이 미래에도 적용되리라는 가정을 하게 된다. 이러한 가정이 틀린다면 모형식을 이용한 예측은 신뢰성이 떨어지게 될 것이다. 이러한 생각이 맞는지를 알아내기 위하여 조사된 자료를 이용하여 검증을 해야 한다. 먼저 조사된 과거 자료의 앞부분 80～90%만 이용하여 모형식을 만들고, 추정된 모형식을 이용하여 나머지 뒷부분 자료를 예측하고 실제 자료와 비교하여 (검증하여) 모형의 안정성을 판단한다. 이런 경우 모형을 추정할 때 사용되는 자료를 **훈련자료**(training data), 검증에 사용되는 자료를 **검증자료**(validation data)라고 한다.

모형이 여러 개의 식과 제어 구조로 이루어져 있는 경우에는 모형의 진단은 더욱 어려워진다. 모형이 실제 시스템을 얼마나 잘 표현하고 있는지를 말하는 **모형의 타당성**(reliability)을 조사하기 위하여 **모형검사**(verification)와 **모형검증**(validation)의 두 과정을 거치게 되며 서로 보완적으로 이루어진다. 모형의 검사란 모형이 실제 시스템을 얼마나 잘 표현하고 있는지를 검사하는 것을 말하며 다음의 사항을 유의한다.

(1) 모형에서 입력 자료 또는 가정된 분포가 실제와 얼마나 적합되는지를 살펴야 한다. 이를 위하여 실제 자료를 조사하여 적합도 검정(goodness-of-fit test)을 통하여 검사되어야 한다.

(2) 실제 시스템에서의 분석 목적을 구체적으로 명시한 후 이에 대한 특성요인도(cause-and-effect diagram)를 작성하여 중요 구성요소가 모형에 포함되었는지를 검사하여야 한다.

(3) 모형을 구조도로 표현하여 흐름의 논리성을 검사한다.

(4) 변수의 형태와 유효자리수 등을 검사하여 절단 또는 반올림으로 인한 오차의 누적이 모형에 끼치는 효과를 검사하여야 한다.

(5) 모형을 이용한 시스템의 과정을 실제 자료와 변수의 변화를 통하여 검사하여야 한다. 이를 위하여 초기 단계에서 모형 수행의 중간과정들을 추적할 수 있도록 알고리즘이 구성되어야 한다.

모형의 검증이란 모형의 결과가 실제 시스템의 결과와 얼마나 일치하는지를 검증하는 것을 말한다. 가장 좋은 모형의 검증방법은 실제 시스템과 모형을 병행 수행하여 각 과정과 결과를 비교하는 것일 것이다. 일반적으로 모형의 검증을 위하여 통계적 검정방법이 객관적인 판단을 제공하여 준다. 모형의 유의성 검증과 훈련자료와 검증자료의 활용이 여기에 속한다. 예를 들어, 음성자동인식시스템의 경우 알려진 음성자료들을 훈련자료로 하여 음성모형을 만들고 다른 사람의 소리를 검증자료로 하여 모형의 효율성을 검증하고 다시 모형을 보완 및 수정한다.

1.7 연습문제

1.1 우리 주변에 있는 시스템을 두 가지 이상 선택하여 구성요소와 상태변수들을 정의하시오.

1.2 인위적 시스템의 예를 세 가지 이상 들어보시오.

1.3 모든 구성요소의 신뢰도가 p 로 같으며 서로 독립인 경우, 다음 구조를 갖는 시스템의 신뢰도를 구하시오.

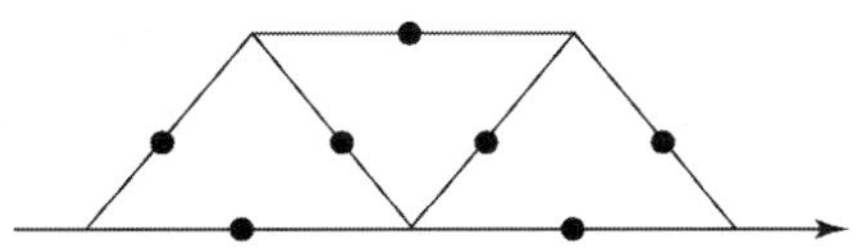

1.4 [예 1.2.2]에서 부품의 신뢰도가 같지 않은 경우에도 부품 수준에서 병렬로 중복시킨 시스템 신뢰도 $h_1(p_1, p_2, p_3)$가 시스템 수준에서 병렬로 중복시킨 시스템 신뢰도 $h_2(p_1, p_2, p_3)$보다 항상 크다고 할 수 있는지 검토하시오.

1.5 (시스템의 전산화)

어느 회사에서 인사업무를 전산화하려고 한다. 인사명령에 의한 사원의 입사, 퇴직, 부서 이동, 승진 등 개인사항 변동에 대한 처리로 개인별 인사 파일의 최신화(updating)가 이루어지도록 인사업무 전산처리를 구현화하여야 하며, 또한 인사업무에 필요한 보고서들을 작성할 수 있는 자료 파일도 만들어야 한다. 본문에서 제시한 것과 같이 시스템 전산화 단계를 따라가며 어떻게 하면 인사업무 전산화가 이루어질 수 있는지를 논의하시오.

1.6 (작업자가 두 명인 대기 시스템 모의실험)

원료를 가공하여 제품을 생산하는 공정이 있다. 작업자는 두 명(A, B)이며 원료는 도착간격 분포를 가지고 들어오며 앞 작업이 먼저 끝나있는 작업자에게 배당된다. 가공

형태는 3가지이며 이에 대한 두 작업자의 처리능력은 다르다. 원료 도착간격분포는 가공형태와 무관하게 들어오며 가공형태에 따른 분포와 두 작업자의 처리시간이 다음의 표로 주어져 있다.

원료 도착간격시간분포

도착간격시간	확률
1	0.20
2	0.15
3	0.40
4	0.25

가공형태에 따른 분포와 처리시간

가공형태	확률	작업자 A	작업자 B
1	0.2	2	3
2	0.5	3	4
3	0.3	4	5

(1) 100개의 원료에 대하여 모의실험한 후 작업자 A와 B의 공정 기여도(순수작업시간, 생산 제품수)와 원료의 평균대기시간을 추정하기 위한 처리행로를 쓰시오.

(2) 다음 자료로 시스템을 운행하며 아래 표를 작성하시오.

가. 주어진 원료의 도착간격시간: 2, 1, 3, 3, 1, 4, 2, 4, 4, 4, 4, 1, 3, 2, 3, 4, 1, 3, 3, 2, …

나. 주어진 원료의 도착시각: 2, 3, 6, 9, 10, 14, 16, 20, 24, 28, 32, 33, 36, 38, 41, 45, 46, 49, 52, 54, …

다. 각 원료의 가공형태: 2, 2, 3, 1, 3, 2, 2, 2, 1, 1, 3, 2, 3, 2, 2, 3, 2, 3, 1, 2, …

순서	도착 시각	가공 형태	A 처리 시작	A 처리 시간	A 처리 끝	A 쉬는 시간	B 처리 시작	B 처리 시간	B 처리 끝	B 쉬는 시간	대기 시간	대기 시간 누계
1 2 3 …												

2장

확률분포의 생성

2.1 분포의 생성이란 무엇인가?

확률분포란 무엇인가? 분포란 확률변수가 갖는 값들에 확률이 대응되어 있는 것을 말한다. 확률분포를 확률분포표로 나타낼 수도 있고, 히스토그램과 같은 그래프로 나타낼 수도 있으며, 확률밀도함수나 분포함수로 나타내기도 한다. 확률이란 모든 경우를 다 고려하였을 때 특정한 사건이 발생할 비율을 뜻하므로 확률분포도 실험의 모든 결과를 고려할 때에 나타나는 것이다. 이 장에서는 통계적 실험을 위한 확률분포를 생성하는 알고리즘을 소개하고자 한다.

한 공장에서 생산되는 제품의 길이가 정규분포에 따른다는 말은 무엇인가? 제품의 총수가 20만 개이면 이들 모두의 길이를 재어보고 정리한 결과가 정규분포의 형태와 아주 비슷하다는 말이다. 생산된 제품 하나만을 보고 정규분포에 따른다는 것은 올바른 표현이 아니다. 열 개 정도의 제품을 보고도 정규분포에 따른다고 할 수는 없다.

확률분포에는 확률변수의 정의에 따라 이산형 확률변수와 연속형 확률변수로 나누어진다. 정규분포는 연속형 확률분포이고, 제품의 개수는 유한하므로 제품의 길이의 분포는 이산형 분포이다. 그러므로 유한개의 제품의 길이들을 전부 조사하였을 때의 분포는 결코 정규분포가 될 수는 없다. 다만 분포의 형태가 정규분포에 가깝다는 말이다. 확률분포의 생성이란 확률분포에 따르는 확률변수값들을 충분히 생성하였을 때만 그 의미를 가지게 되는 것이다. 분포가 의미를 가지도록 충분히 많은 확률변수값을 컴퓨터를 이용하여 생성하는 데는 시간이 걸린다. 그러므로 가능한 동일한 효과를 가지면서 시간이 적게 걸리는 생성 알고리즘의 개발은 중요하다. 원하는 확률분포에 따르는 확률변수값을 생성하기 위한 단계는 다음과 같다.

[단계 1] 0과 1 사이의 균일분포에 따르는 난수들을 생성한다.

[단계 2] 생성된 난수들을 사용하여 원하는 확률변수값을 생성한다.

2.2 난수생성자

2.2.1. 난수생성자와 선형합동법

원하는 확률분포에 따르는 값들의 생성을 위하여 첫 단계로 **표준균일분포**(standard uniform distribution)에 따르는 값들을 이용한다. 확률변수 X가 표준균일분포에 따를 때 $X \sim U(0,1)$라고 표현한다. 표준균일분포의 확률밀도함수와 누적분포함수는 아래와 같다.

$$f(x) = \begin{cases} 1, & x \in [0,1] \\ 0, & \text{그 밖에} \end{cases}, \quad F(x) = \begin{cases} 0, & x < a \\ x, & 0 \le x \le 1 \\ 1, & x > 1 \end{cases}$$

1부터 10,000까지의 정수값을 갖는 이산형 균일분포를 생성하기 위해서는 서로 구분이 되지 않는 구슬 10,000개에 1부터 10,000까지의 숫자를 적어 잘 섞은 후 **복원추출**하여 난수를 생성한다. 그러나 이 실험은 시간도 많이 걸리고 비효율적이다. 이러한 문제를 해결하기 위하여 전산 알고리즘을 이용한 난수생성법을 사용한다. 난수는 일반적으로 **순환공식**(recursive formula)에 의하여 생성된다. 순환공식은 아래 식처럼 앞의 값의 함수형태로 다음 값을 구하는 결정적 모형식으로 수열을 생산한다.

$$x_{n+1} = g(x_n), \; n = 1, 2, \cdots$$

순환공식으로 생성되는 난수는 순수한 의미의 난수라고 할 수 없다. 왜냐하면 난수란 표준균일분포에 따르는 모집단으로부터 추출된 확률표본(random sample)의 관측값이어야 하므로 표준균일분포에 따라야 하고, 자료들 사이에 독립성이 만족되어야 한다. 그러므로 순환공식을 이용하는 전산 알고리즘에 의하여 생성된 난수는 엄밀히 말하면 **유사난수**(pseudo-random number)인 것이다. 생성된 유사난수의 형태와 성질이 실제 난수와 아주 가깝다면 난수의 역할을 한다고 보아도 무방할 것이다. 이러한 실제 난수와 차이가 거의 없는 유사난수 생성 알고리즘을 구하는 것이 확률변수값 생성의 첫 번째 단계가 된다. 그 결과로 나타나는 유사난수를 이제부터는 편의상 **난수**(random number)라고 부르기로 하자. 왜냐하면 앞으로 이 책에서 이야기하는 난수는 전산 알고리즘을 이용하여 생성되며 표준균일분포 형태와 성질을 거의 만족하는 유사난수만을 다루기 때문이다.

실제 난수와 차이가 거의 없는 유사난수를 생성하는 전산 알고리즘을 **난수생성자**(random number generator)라고 한다. 좋은 난수생성자를 만들어내어야 이를 이용한 확률변수의 생성도 올바른 분포를 이루므로 좋은 난수생성자의 개발은 무엇보다 중요하다. 통계 패키지는 내장함수의 형태로 난수생성함수와 다양한 확률분포 생성함수가 제공하므로, 실제 사용할 때에는 매우 편리하다.

이 장에서는 난수생성자의 조건과 형태와 난수의 성질을 검정하는 법을 다루어 난수생성자의 성질을 익히도록 한다. 좋은 난수생성자는 생성된 난수가 실제 난수의 성질과 형태를 가질 수 있도록 기본적으로 다음의 조건을 만족하여야 한다.

[조건 1] 생성된 난수들의 분포가 표준균일분포에 따라야 한다.
[조건 2] 생성된 자료들 사이에 독립성이 있어야 한다.
[조건 3] 동일한 난수수열의 재생성이 가능하여야 한다.
[조건 4] 생성에 효율적이어야 한다.

(1) 난수란 어떤 경우에서도 표준균일분포에 따라야 하므로 난수를 많이 생성하거나 적게 생성하거나 어느 정도의 개수 이상만 되면 [조건 1]이 만족되어야 한다. 즉, 난수가 0과 1 사이의 어느 한 부분에 몰리지 않고 고르게 생성되어야 한다. 통계적 실험에서 난수를 몇 개 생성할지 모르므로 생성 개수에 따라 분포의 형태가 변한다면 좋은 난수생성자라 할 수 없다. 순환공식을 이용한 난수의 생성에는 **초깃값**(seed value)이 필요하며 초깃값에 따라 생성된 난수들의 분포가 눈에 띄게 달라진다면 좋은 난수생성자가 될 수 없다. 즉, 생성된 난수가 초깃값과 생성 개수에 무관하게 표준균일분포에 따라야 하는 것이다.
(2) 복원추출이란 동일한 실험환경 앞의 결과와 관계없이 생성이 이루어지는 것을 뜻하므로 [조건 2]는 매우 중요한 조건이 된다. 임의로 선택하는 초깃값이 무엇이 되든지 이후 생성되는 난수들 사이에 **자기상관**(autocorrelation)이 없어야 한다.
(3) 통계적 실험에서는 여러 시스템을 비교하여 최적의 시스템을 찾고자 하는 경우가 많다. 시스템의 구성요소와 처리조건의 변화에 따른 순수한 차이를 구하기 위해서는 실험환경이 동질적이어야 한다. 그러므로 실험에 사용되는 난수 수열의 순서조차 같아야 더 좋은 비교를 할 수 있다. 이를 위해서는 [조건 3]이 만족되어야 한다. 동일한 초깃값을 주면 난수의 수열이 동일하게 재생성되어야 한다.
(4) 통계적 실험에는 많은 반복이 있어 엄청난 개수의 난수의 생성이 필요하므로 생성에 신속하고 적은 용량을 필요로 하는 [조건 4]를 만족하는 생성자가 좋은 생성자가 된다. 같은 결과가 나오는 알고리즘들 중에 연산횟수가 가장 적은 알고리즘이 좋은 알고리즘이다. 연산횟수를 알아보기 위하여 생성개수 n 에 대한 계산량을 함수로 표현하여 다른 알고리즘과 비교하면 된다.

난수생성자로는 Lehmer(1951)에 의하여 제안된 **선형합동법**(linear congruential method)이 가장 많이 사용되고 있다. 선형합동법은 다음과 같은 단순한 계산으로 이루어져 생성에 효율적이다.

$$x_{n+1} = a \cdot x_n + c \pmod{m}, \qquad n = 0, 1, 2, \cdots$$

여기에서 **초깃값** x_0와 a, c, m 은 양의 정수이며 $a, c, x_0 < m$을 만족해야 하고, a는 곱하는 값이므로 **승수**(multiplier)라고 하고, c 는 더하는 값이므로 **가수**(increment), m 은 **법수**(modulus), mod는 법수연산을 의미한다. 즉, $a \cdot x_n + c$의 연산 결과값을 정수 m 으로 나누어 생긴 나머지값이 x_{n+1}이 된다.

선형합동법을 이용한 난수생성 알고리즘

[단계 1] 초기화 단계: a, c, m 값과 초깃값 x_0 를 정해준다.

[단계 2] 반복 생성 단계: n 을 1, 2, …으로 변화시키며 수행

$$x_n = a \cdot x_{n-1} + c \pmod{m}$$

0부터 (m−1)까지의 정수를 0부터 1 사이의 난수로 변환시킨다.

$$u_n = \frac{x_n}{m}$$

[단계 3] 생성된 난수열을 통계적 모의실험에 사용한다.

선형합동법의 생성식을 이용한 기본 알고리즘에 의하여 난수를 생성하는 경우를 생각하여 보자. 생성된 난수가 가질 수 있는 값들의 집합은 $\left\{0, \frac{1}{m}, \frac{2}{m}, \cdots, \frac{m-1}{m}\right\}$이 된다. 전체적으로 m 가지의 값이 나오며 등간격으로 되어 있다. 원하는 난수는 연속형 표준균일분포에 따라야 하므로 가능한 잘게 나누어질수록 좋을 것이다. 즉, 정수값 m이 크면 클수록 좋은 것이다. 그러므로 난수를 생성하는 컴퓨터에서 허용되는 최대 정수값을 m 값으로 사용하면 될 것이다. 예를 들어, 32bit 연산 컴퓨터라면 $m = 2^{31} - 1 = 2,147,483,647$를 사용하면 된다. 언제나 m 가지의 값이 생성되는 것은 아니며 초깃값 x_0, 승수 a 와 가수 c 의 값에 따라 나올 수 있는 경우가 달라질 수 있다. 다음의 예를 살펴보자.

예 2.2.1

$m=8$일 때 다음의 두 가지 경우에 대하여 난수의 생성 결과를 비교하여 보시오.

(1) $a=3,\ c=1,\ x_0=3$ (2) $a=5,\ c=3,\ x_0=3$

풀이

(1) $x_n = 3 \cdot x_{n-1} + 1 \pmod{8}$, $n = 1, 2, 3, \cdots$이므로 초깃값 $x_0 = 3$을 넣어 난수를 반복계산하면

$$3,\ 2,\ 7,\ 6,\ 3,\ 2,\ 7,\ 6,\ 3,\ 2,\ 7,\ 6,\ 3,\ 2,\ \cdots$$

가 생성된다. 난수열을 보면 3, 2, 7, 6이 반복 생성되고 있다. 즉, 주기가 4인 수열이 된다.

(2) $x_n = 5 \cdot x_{n-1} + 3 \pmod{8}$, $n = 1, 2, 3, \cdots$이므로 초깃값 $x_0 = 3$을 넣어 난수를 계산하면

$$3,\ 2,\ 5,\ 4,\ 7,\ 6,\ 1,\ 0,\ 3,\ 2,\ 5,\ 4,\ 7,\ 6,\ 1,\ 0,\ 3,\ 2,\ 5,\ 4,\ 7,\ 6,\ 1,\ 0,\ 3,\ \cdots$$

가 생성된다. 난수열을 보면 3, 2, 5, 4, 7, 6, 1, 0이 반복되어 생성되고 있다. 즉, 주기가 8인 수열이 된다.

그러므로 (2)가 (1)보다 더 우수한 난수 생성식이 된다. ■

선형합동법을 이용한 좋은 난수생성자의 조건은 다음과 같다.

[조건 1] 법수 m의 값이 크면 클수록 좋다.
[조건 2] 생성된 난수의 주기는 크면 클수록 좋다. 가장 좋은 것은 **완전주기**(full period)인 m이 되는 것이다.

그렇다면 완전 주기를 가지기 위하여 어떤 조건을 만족해야 하는가? 이를 위한 필요충분조건으로 다음과 같은 사실이 있으니 생성식 작성에 유의하기 바란다. (Hull, Dobell, 1962).

(1) 가수 c과 법수 m은 공통인수를 가지지 않는 정수이어야 한다.
(2) 승수 a는 m의 모든 인수 p에 대하여 $a = 1 \pmod{p}$이어야 한다. 특히, m이 4의 배수인 경우는 $a = 1 \pmod{4}$이어야 한다.

그러므로 주기가 최대가 되도록 법수의 값을 가능한 최대로 잡고, 위의 조건에 맞도록 승수와 가수를 정해주어야 한다. 승수 a 의 선택은 일반적으로 $\sqrt{m}$ 보다는 크고, $m - \sqrt{m}$ 보다는 작도록 잡아준다. 예를 들어, $(\beta+1)$bit 연산 컴퓨터라면 $m = 2^{\beta}$, $c = 1$, $a = 2^{r} + 1$ $(r < \beta)$로 잡아 주면 된다.

선형합동법을 가수의 유무에 대하여 구분하여 $c \neq 0$인 경우를 **혼합식 합동법**(mixture congruential method)이라 하고, $c = 0$인 경우를 **승산식 합동법**(multiplicative congruential method)이라고 한다. 승산식 합동법은 $c = 0$인 경우이므로 계산속도에서는 혼합식 합동법보다 생성시간이 적게 걸린다. 그러나 $c = 0$이므로 c 와 m 은 공통인수가 없어야 한다는 완전주기의 필요충분조건을 만족하지 못하므로 완전주기가 되지 못하는 단점이 있다. 실제로 $m = 2^{k}$인 경우에 최대 주기는 $m/4$가 된다. 승산식 합동법은 혼합식 합동법보다 많은 연구가 이루어져 왔으며 혼합식 합동법이 승산식 합동법보다 더 나은 점이 그다지 없는 것으로 밝혀졌다. 여러 면을 종합하여 볼 때 승산식 합동법이 혼합식 합동법보다 더 효율적이라고 판단되고 있어 승산식 합동법이 난수생성자의 기본을 이루고 있다.

예 2.2.2

단일품목 판매 통계적 모의실험

한 신문팔이 소년이 신문 1부에 150원으로 사서 300원에 판매하고(판매된 한 부당 150원 이익), 팔지 못한 신문은 1부당 100원에 환불받으며(팔지 못한 것은 한 부당 50원 손해) 돈을 벌고 있다. 10부 단위로 받아와야 할 때, 매일 몇 부씩 받아서 판매하는 것이 최대의 이익을 얻을지 결정하고자 한다. 100일 동안 매일의 판매 부수를 조사하여 다음의 확률표로 나타내었다. 1,000일 간의 모의실험으로 최적 구입부수를 추정하여라. 편의상 조사된 판매부수가 10부 단위로 정리되어 있다.

판매부수	10	20	30	40	50	60	70	80	90
확률	0.04	0.06	0.12	0.20	0.25	0.18	0.10	0.03	0.02
누적확률	0.04	0.10	0.22	0.42	0.67	0.85	0.95	0.98	1.00

풀이

(1) 처리행로

[1] 초기화 단계: 변수 구조를 정의하고 0으로 초기화한다.

누적순이익 = 0, 난수생성을 위한 초기치 부여

[2] 반복 단계:

구입부수를 10, 20,⋯, 90으로 변화시키면서 다음을 수행한다

[2.1] 각 구입부수별로 1000일 간의 모의실험을 한다.

[2.1.1] 일 판매부수 결정을 위하여 난수를 생성한다.

[2.1.2] 생성된 난수와 누적확률표를 이용하여 판매부수를 결정한다.

[2.1.3] 순이익(판매수익−환불액)을 계산하고 누적한다.

[2.2] 구입부수별로 1000일간 누적된 총 순수익을 저장한다.

[3] 종료 단계: 구입부수별로 누적순이익을 출력하고 최대 순수익에 해당하는 최적 구입부수를 제시한다.

(2) 구조도

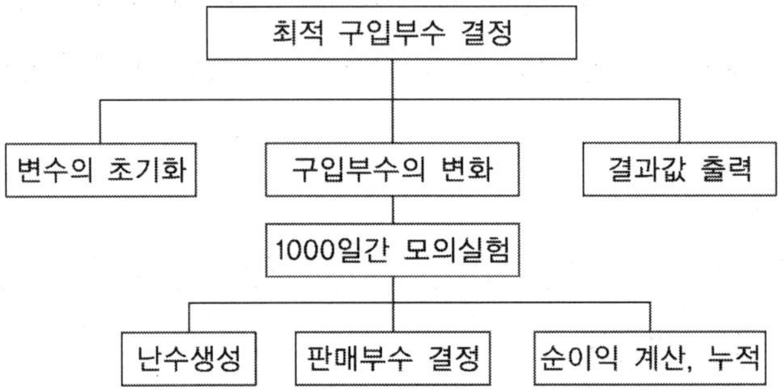

(3) R 프로그램

R 프로그램은 두 종류를 제시한다. 두 프로그램은 동일한 결과를 생산한다. 어느 프로그램이 좋은 프로그램인지 논의해 보라.

변수설명:

```
result = 결과물(구입부수, 누적순이익)을 저장하는 9×2 행렬
sum.profit = (1000일) 누적순이익
profit = 일 순이익
u = 난수
buy = 구입부수
sale = 판매부수
F = 판매부수 누적확률을 저장하는 벡터
```

프로그램 1

```
## newspaper sale

result = matrix(0,9,2)
sum_profit = matrix(0,9,1)
```

```
colnames(result)=c("buy", "sum_profit")
set.seed(12345)

for (i in 1:9) {
   buy=10*i
   for (day in 1:1000) {
      u = runif(1,0,1)
      if (u<0.04) {
         if (buy >= 10) profit=150*10-50*(buy-10)
         else profit=150*buy
      }
      else if (u<0.1) {
         if (buy >= 20) profit=150*20-50*(buy-20)
         else profit=150*buy
      }
      else if (u<0.22) {
         if (buy >= 30) profit=150*30-50*(buy-30)
         else profit=150*buy
      }
      else if (u<0.42) {
         if (buy >= 40) profit=150*40-50*(buy-40)
         else profit=150*buy
      }
      else if (u<0.67) {
         if (buy >= 50) profit=150*50-50*(buy-50)
         else profit=150*buy
      }
      else if (u<0.85) {
         if (buy >= 60) profit=150*60-50*(buy-60)
         else profit=150*buy
      }
      else if (u<0.95) {
         if (buy >= 70) profit=150*70-50*(buy-70)
         else profit=150*buy
      }
      else if (u<0.98) {
         if (buy >= 80) profit=150*80-50*(buy-80)
         else profit=150*buy
      }
      else profit=150*buy

   sum_profit[i] = sum_profit[i] + profit
   result[i,1] <- buy
   result[i,2] <- sum_profit[i]
   }
}

result
```

프로그램 2

```
result = matrix(0,9,2)
sum.profit = matrix(0,9,1)
colnames(result)=c("buy", "sum.profit")
F <- c(0.00, 0.04, 0.10, 0.22, 0.42, 0.67, 0.85, 0.95, 0.98, 1.00)
set.seed(12345)

for (i in 1:9) {
   buy=10*i
   for (day in 1:1000) {
      u = runif(1,0,1)
      for (j in 1:9) {
          sale=10*j
          if (u >= F[j] && u < F[j+1]) {
              if (buy >= sale) profit=150*sale-50*(buy-sale)
              else profit=150*buy
          }
      }
```

```
    sum.profit[i] = sum.profit[i] + profit
    result[i,1] <- buy
    result[i,2] <- sum_profit[i]
    }
}
result
```

프로그램이 짧다는 것이 반드시 좋은 것만은 아니다. 프로그램 1은 길지만 프로그램 2보다 상대적으로 이해하기 쉬운 형태이다. 이해하기 쉬워야 논리적 오류를 쉽게 발견할 수 있다. 이 문제는 구입부수와 판매부수가 (10부 단위로) 9가지 경우로 구분되어 있다. 만일 100이나 1000가지 경우로 구분된다면, 프로그램 1은 매우 길어질 것이고, 프로그램 2는 몇 부분만 고치면 되니 일반화 능력을 볼 때 프로그램 2가 훨씬 우수하다. 좋은 프로그램을 작성하기 위하여 먼저 이해하기 쉬운 프로그램을 작성해 보고, 일반화 능력을 가진 프로그램으로 향상시키는 2단계 프로그래밍을 제안한다.

(4) 수행 결과

```
      buy  sum.profit
 [1,]  10    1500000
 [2,]  20    2916000
 [3,]  30    4190000
 [4,]  40    5250000
 [5,]  50    5896000
 [6,]  60    6122000
 [7,]  70    5900000
 [8,]  80    5656000
 [9,]  90    4976000
```

60부를 구입하여 판매할 때 순이익이 가장 큼을 알 수 있다. ∎

2.2.2. 표준균일분포의 검정

생성된 난수들의 분포가 표준균일분포에 따라야 한다는 것은 난수생성자의 조건 중 가장 중요한 것이다. 따라서 새로운 난수생성자를 개발하였거나 또는 기존의 알려진 난수생성자를 이용하여 난수를 생성하였더라도 생성개수가 그다지 크지 않다고 판단되는 경우에는 생성된 난수들이 표준균일분포에 따른다고 할 수 있는지를 검정하여야 한다. 이에 대한 검정법으로 Pearson의 카이제곱 적합도 검정과 Kolmogorov-Smirnov의 적합도 검정을 소개한다. 귀무가설은 다음과 같다.

$$H_0 : \text{ 생성된 난수들은 표준균일분포에 따른다.}$$

(1) 카이제곱분포를 이용한 적합도 검정

[단계 1] 구간 [0, 1]을 k 등분하여 k 개의 분할을 구한다.

$$[0, \frac{1}{k}),\ [\frac{1}{k}, \frac{2}{k}),\ \cdots\ ,[\frac{k-1}{k}, 1)$$

[단계 2] $u_1, u_2, u_3, \cdots, u_N$ 의 자료를 분할된 구간으로 정리하여 각 구간의 관측도수 $n_i,\ i=1,2,\cdots,k$,를 구한다. $(n_1+n_2+\cdots+n_k = N)$

[단계 3] 표준균일분포에서 각 구간에 속하는 기대도수는 $\frac{N}{k}$ 이므로 다음의 식을 계산한다.

$$W = \frac{k}{N}\sum_{i=1}^{k}(n_i - \frac{N}{k})^2$$

[단계 4] 생성된 난수가 표준균일분포에 따른다면 W는 자유도가 k-1인 카이제곱분포에 따르는 성질을 이용하여 검정을 한다. 즉, 유의수준 α 에서 $W < \chi^2_\alpha(k-1)$이면 표준균일분포에 따른다고 하고, 아니면 생성된 난수는 좋은 난수가 되지 못한다.

(2) 콜모고로프-스머노프 적합도 검정

경험분포함수(empirical distribution function)는 생성된 자료로부터 다음으로 정의된다.

$$F_N(u) = \frac{1}{N}\sum_{i=1}^{N} I_{[u_i,\infty)}(u) \quad \text{여기에서} \quad I_{[u_i,\infty)}(u) = \begin{cases} 1 & \text{if } u \ge u_i \\ 0 & \text{if } u < u_i \end{cases} \quad \text{이다.}$$

즉, $F_N(u)$는 u값 이하가 되는 u_i의 개수를 N으로 나눈 값이며 계단함수의 형태를 가진다. 귀무가설 H_0: $F_N(u) = F_0(u)$이 맞다는 가정에서, 임의의 u 값에 대하여 $N \cdot F_N(u)$는 이항분포 $b(N, F_0(u))$에 따른다. $E(F_N(u)) = F_0(u)$가 되어 경험분포함수는 귀무가설의 분포함수에 대하여 불편추정량이 됨을 알 수 있다. 그러나 우리는 모든 u값에 대하여 위의 관계가 성립함을 알아보는 데 관심이 있으므로, Glivenko-Cantelli 정리로 알려진 다음의 성질을 이용하여 검정하기로 한다.

$$\text{임의의 } \epsilon > 0 \text{에 대하여, } \lim_{N\to\infty} P(\max_u |F_N(u) - F_0(u)| > \epsilon) = 0.$$

즉, 귀무가설이 맞다는 가정에서, N이 충분히 큰 경우에 모든 u 값에 대하여 $|F_N(u) - F_0(u)|$의 값이 매우 작은 값 ϵ보다 작을 확률이 1에 가까워진다는 의미이다. Kolmogorov-

Smirnov 검정은 이 성질을 이용하여 적합도 검정을 하는 것으로 다음과 같은 검정통계량을 사용한다.

$$D_N = \max_u | F_N(u) - F_0(u) |$$

이 검정통계량은 **분포무관**(distribution-free)이 되는 장점을 지니고 있으며 [표 2.2.1]를 이용하여 검정할 수 있다.

표 2.2.1. 콜모고로프-스머노프 검정을 위한 채택 한계표

N		2	3	4	5	6	7	8	9	10	15	20	40	큰 N
α	0.10	0.78	0.64	0.56	0.51	0.47	0.44	0.41	0.39	0.37	0.30	0.26	0.19	$1.22/\sqrt{N}$
	0.05	0.84	0.71	0.62	0.56	0.52	0.49	0.46	0.43	0.41	0.34	0.29	0.21	$1.36/\sqrt{N}$
	0.01	0.93	0.83	0.73	0.67	0.62	0.58	0.54	0.51	0.49	0.40	0.35	0.25	$1.63/\sqrt{N}$

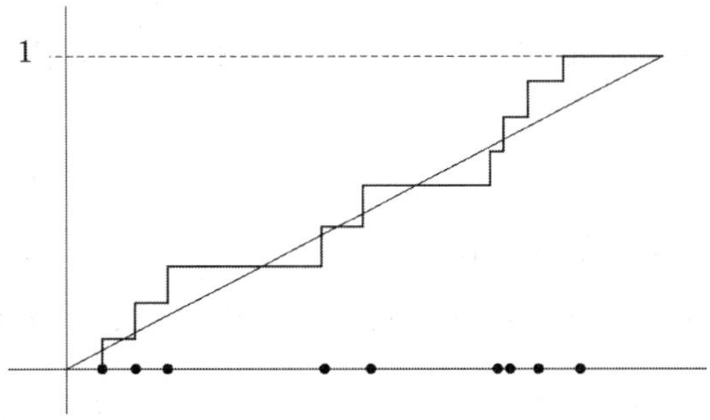

그림 2.2.1. 콜모고로프-스머노프 검정

난수의 경우 우리가 보이고자 하는 귀무가설의 분포가 표준균일분포이므로 $F_0(u) = u$가 된다. 따라서 생성된 난수들이 표준균일분포에 따르는지 알아내기 위하여 다음의 단계로 검정을 한다.

[단계 1] 생성된 난수들을 사용하여 경험분포함수를 생성한다.

[단계 2] 검정통계치 $D_N = \max_u | F_N(u) - u |$를 구한다. 구하는 방법은 [그림 2.2.1]처럼 경험분포함수를 정확히 그리고, $y = u$ 직선을 정확히 그려 두 함수의 차이가 최대가 되는 값(계단함수의 경계에서 발생함)을 구하면 된다.

[단계 3] D_N을 계산하고 [표 2.2.1]에 주어진 N과 유의수준 α에 해당하는 표값 x_α를 읽어서 두 값을 비교하면 된다. 즉, $D_N \leq x_\alpha$이면 귀무가설을 채택하고, 아니면 기각한다.

카이제곱분포를 이용한 적합도 검정은 0과 1 사이를 분할을 하여 자료를 집단화시켜 빈도검정을 하기 때문에 분할의 한 구간 내에서의 정보가 없어지기 때문에 많은 개수로 분할을 하지 않으면 잘못된 판정을 하기 쉽다. 뿐만 아니라 많은 개수로 분할을 하는 경우에는 한 구간의 기대도수의 개수가 5개 이하일 가능성이 커져 검정결과가 나빠지는 성질이 있다. 반면에 Kolmogorov-Smirnov 적합도 검정은 경험분포함수와 표준균일분포함수를 이용하기 때문에 모든 자료의 정보를 전부 이용하는 장점이 있으며, N 값이 작은 경우에도 사용이 가능하여 적용범위가 넓다.

예 2.2.3

아래 100개 자료가 표준균일분포에 따르는지 (1) 카이제곱 적합도 검정법과 (2) Kolmogorov-Smirnov 적합도 검정법으로 각각 검정하시오.

0.672	0.240	0.597	0.716	0.173	0.464	0.945	0.148	0.476	0.577
0.747	0.887	0.941	0.994	0.932	0.279	0.300	0.402	0.891	0.467
0.027	0.421	0.981	0.355	0.566	0.250	0.992	0.488	0.996	0.013
0.910	0.295	0.233	0.024	0.833	0.686	0.364	0.698	0.377	0.445
0.208	0.306	0.407	0.412	0.693	0.319	0.459	0.914	0.144	0.539
0.675	0.404	0.080	0.749	0.601	0.794	0.607	0.090	0.705	0.441
0.008	0.891	0.937	0.247	0.618	0.176	0.187	0.869	0.578	0.546
0.990	0.469	0.570	0.680	0.311	0.008	0.113	0.159	0.751	0.531
0.525	0.831	0.037	0.422	0.141	0.445	0.120	0.093	0.877	0.763
0.729	0.078	0.747	0.879	0.738	0.997	0.400	0.949	0.166	0.369

풀이

(1) 카이제곱 적합도 검정: 0과 1 사이를 10개의 등간격 구간으로 나누어 관측도수 O_i를 구하니 (10, 10, 7, 8, 16, 9, 9, 10, 8, 13)으로 나타났다. 기대도수는 각 구간이 10이 되므로 검정통계치는

$$\sum_{i=1}^{10}(O_i - 10)^2 / 10 = 6.40$$

가 되며, 자유도가 9인 카이제곱분포에서의 유의확률(p-value)은 0.3007로 비교적 큰 값이므로 생성된 난수는 표준균일분포에 따른다고 할 수 있다.

(2) 콜모고로프-스머노프 적합도 검정: 난수들을 오름차순으로 정렬하여 X_i, $i = 1, 2, \cdots, 100$으로 놓는다. 순서대로 이 값들과 0.01, 0.02,⋯, 1.00의 차이를 구하고, 0.00, 0.01,⋯, 0.99의 차이도 구한다. 왜냐하면 차이의 최댓값은 경험분포함수의 각 구간의 경계에서 나타나며 위와 아래의 값과 X_i를 비교해야 하기 때문이다. $D_N = 0.05978$이 되어, 유의수준 0.1에서의 임계값 0.122보다 작아 생성된 난수는 표준균일분포에

따르다고 할 수 있다. ∎

2.2.3. 난수 사이의 독립성 검정

난수들의 분포가 표준균일분포에 따른다는 것은 난수생성의 과정과 관계없이 생성된 난수들을 모아놓은 결과에 대한 현상을 말하는 것이다. 난수생성자를 이용한 난수의 생성은 마치 표준균일분포로부터의 독립반복추출과 같아야 하므로 생성되는 난수들 사이에 독립성이 만족되어야 좋은 난수생성자가 된다. 만일 100개의 난수가 처음 10개는 [0.0, 0.1) 구간의 값이고, 두 번째 10개는 [0.1, 0.2) 구간의 값이 되며, 세 번째 10개는 [0.2, 0.3) 구간이 값이 되며, 이후도 마찬가지의 형태로 생성되어, 마지막 10개는 [0.9, 1.0) 구간의 값이 되도록 생성이 되었다면, 이 난수는 적합도 검정에 의하여 표준균일분포에 따른다고 할 수 있겠지만 독립성은 만족하지 않는 나쁜 성질의 난수가 된다.

난수생성자로부터 몇 개의 난수를 생성하는지는 실험의 정밀도와 환경에 따라 달라지므로 초깃값에 의하여도 영향을 받지 않으려면 난수들 사이의 독립성은 좋은 난수생성자의 중요한 조건이 되는 것이다. 대기시간을 구하기 위한 모의실험에서 지수분포를 필요로 하는 경우 작은 값들만이 먼저 생성되고 뒤에 가면서 큰 값들이 생성되는 경우와 모든 확률변수 값들이 섞여 생성되는 경우는 실험 결과가 아주 다르게 나올 수 있다. 난수 사이의 독립성 검정을 위한 귀무가설은 다음과 같이 주어진다.

$$H_0 \text{ : 생성된 난수 사이에 상관관계가 없다.}$$

독립성 검정을 위한 많은 방법이 제안되어 있다. 시계열분석에서 사용되는 자기상관함수(autocorrelation function)를 이용하는 방법, 특정한 숫자 사이의 간격으로 검정하는 간격 검정(gap test) 등도 유용하지만, 이 절에서는 런(run) 검정을 소개한다.

(1) 그래프를 통한 주관적 판정

난수 사이의 독립성을 알아내기 위한 가장 쉬운 방법은 생성 순서에 따라 난수의 그래프를 작성하여 어떠한 경향성이 있는지를 알아보는 것이다.

[그림 2.2.2]를 살펴보자. (가)의 경우는 계속 증가하는 형태이므로 이웃하는 난수 사이의 상관이 매우 크다. (나)의 경우는 큰 값과 작은 값이 반복되는 형태이므로 상관이 매우 크다. (다)의 경우는 주기를 가지고 전체적인 흐름이 있는 형태로 독립성이 있다고 할 수 없다. (라)의 경우는 증가와 감소들이 적당히 섞여 있지만 전체적으로는 증가하는 경향이 보이므로 독립성이 있다고 할 수 없다. (마)와 (바)의 경우에는 특별한 경향성이 없어 보이므

로 독립성을 만족한다고 볼 수 있다.

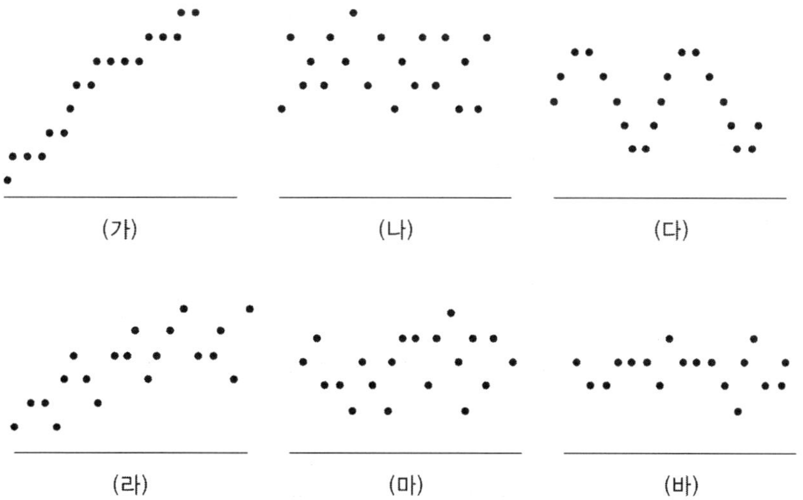

그림 2.2.2. 그래프를 통한 난수의 판정

(2) 런 검정

독립성 검정을 위한 **런 검정**(run test)은 난수값들의 증감 형태를 가지고 통계적 분포를 통해 판정하는 것이다. **런**(run)이란 '같은 성질을 가진 연속된 수들의 집합'을 뜻하는 것으로 성질에 따라 여러 가지로 정의될 수 있다. **런의 길이**(run length)란 한 런의 길이를 말한다. 런을 이용하여 독립성 검정을 수행할 수 있다. 여기에서는 두 가지 형태의 런 검정을 살펴보기로 하자.

Up-and-Down 검정

난수 값이 직전 값보다 증가하면 U로, 감소하면 D로 표시하였을 때 연속된 U들의 집합 또는 연속된 D들의 집합으로 런을 정의하자. 즉, **변화점**(change point)에 의하여 런이 구분된다. 다음의 수열에 대한 U, D 표시를 보라.

```
0.34  0.51  0.68  0.44  0.18  0.93  0.87  0.57  0.73  0.92
       U     U     D     D     U     D     D     U     U
      -------------  ----------  ----  ----------  ---------
```

이 경우는 런의 개수가 5가 되며 각 런의 길이는 앞에서부터 2, 2, 1, 2, 2이다. 그러므로 이렇게 정의된 런에 의한 검정을 Up-and-Down **검정**이라고 한다.

예 2.2.4

[그림 2.2.2]의 (가), (나), (다), (라), (마), (바)의 자료를 U, D로 표현하고 런의 개수를 구하시오.

풀이

아래 표로 표시할 수 있다. (가)의 런의 개수는 한 개, 런의 길이는 20이 되며 (나)의 런의 개수는 20개, 각 런의 길이는 1이 된다. 다시 말하면 N개의 자료에 대한 런의 최대수는 $N-1$ 이며 최소수는 1이 된다. 여기에서 보면 런의 개수가 너무 적어도 너무 많아도 독립성이 만족되지 못하는 것을 알 수 있다. (라)처럼 런의 개수가 중간 정도가 되도 난수의 성질로 볼 때 나쁜 경우가 있으나, 런의 개수가 생성된 자료 개수의 중간 정도의 적당한 값을 갖는 경우만이 독립성을 만족할 자격을 얻는다는 사실을 느낄 수 있다.

자료	UD 표시	런의 개수	독립성
(가)	UUUUUUUUUUUUUUUUUUUU	1	매우나쁨
(나)	UDUDUDUDUDUDUDUDUDU	19	매우나쁨
(다)	UUUDDDDDUUUUUDDDDDU	5	나쁨
(라)	UUDUUDDUDUDUUUDDUDU	13	나쁨
(마)	UDDDUDDUUUDUUDDUDUD	12	양호
(바)	DUDUUDUDDDDDUUDDUDD	11	양호

■

이러한 런 검정의 성질에 대하여 다음 결과가 증명되어 있다. 귀무가설이 맞다는 가정에서 N개의 수에 대한 런의 개수를 R이라고 하면 $E(R) = \dfrac{2N-1}{3}$, $Var(R) = \dfrac{16N-29}{90}$ 이며 N이 큰 경우 근사적으로 정규분포에 따른다. 즉, $Z = \dfrac{R-(2N-1)/3}{\sqrt{(16N-29)/90}}$ 는 근사적으로 표준정규분포에 따른다(Levene, 1952). 따라서 정규분포 근사를 이용한 Up-and-Down 검정의 과정은 다음과 같다.

[단계 1] 생성된 자료들에 대하여 U와 D의 표시를 하여 런의 개수 R을 구한다.

[단계 2] $Z = \dfrac{R-(2N-1)/3}{\sqrt{(16N-29)/90}}$ 를 계산하고 유의수준 α 에 따른 표준정규분포표값 Z_α 보다 작으면 귀무가설을 기각하지 못한다.

Run above and below the mean 검정

Up-and-Down 검정은 자료를 보며 바로 Up과 Down을 정하고 정규분포를 이용하는 장점이 있다. 그러나 [그림 2.2.2]의 (라)처럼 Up의 증가폭이 Down의 감소폭보다 크다면 전체적인 증가 경향성이 있어 독립성이 만족되지 않음을 알 수 있지만, 런의 개수가 중간 정도이어서 Up-and-Down 검정에서는 독립성이 만족된다고 판정이 되는 문제가 있다. 그러므로 이러한 경향성을 검출하기 위하여 런의 정의를 다르게 하여 검정하는 방법이 있다.

자료의 평균을 중심으로 하여 자료값이 평균값보다 크면 +, 작으면 −로 표시하고, +들이 연속된 것과 −들이 연속된 것을 런으로 정의하자. 이를 **평균을 중심으로 한 런 검정**(run above and below the mean test)이라고 한다. 때로는 U와 D로 표현하기도 하나 앞의 방법과 구분하기 위하여 +, − 기호를 사용하였다. 앞 절과 같은 자료에 대해 알아보자.

```
0.34  0.51  0.68  0.44  0.18  0.93  0.87  0.57  0.73  0.92  (평균 0.617)
 -     -     +     -     -     +     +     -     +     +
---------   ---   ------------  -----------  ---  ---------
```

런의 개수는 6개이며 런의 길이는 각각 2, 1, 2, 2, 1, 2이다. 자료의 수가 N일 때 런의 길이의 총합이 N이 된다. 평균값보다 큰 수의 개수를 m, 작은 수의 개수를 n이라고 하면($m+n=N$), 런의 개수 R에 대하여 귀무가설이 맞다는 가정 아래 다음의 성질이 성립한다.

$$P(R=2k)=\frac{2\binom{m-1}{k-1}\binom{n-1}{k-1}}{\binom{N}{m}},$$

$$P(R=2k+1)=\frac{\binom{m-1}{k}\binom{n-1}{k-1}+\binom{m-1}{k-1}\binom{n}{k}}{\binom{N}{m}}$$

여기에서 $2k$, $2k+1$은 R이 가질 수 있는 값에 속하는 짝수와 홀수이다. 이들을 이용하여 정확한 검정(exact test)을 할 수 있다.

예 2.2.5

다음 난수에 대하여 독립성을 검정하시오. (유의수준 0.05)

0.34 0.51 0.68 0.44 0.18 0.93 0.87 0.57 0.73 0.92 (평균 0.617)

풀이

$N=10$, $m=n=5$ 인 경우이므로 R의 확률을 이용하여 기각역을 구하면 다음과 같다.

$$P(R=2)=P(R=10)=\frac{2}{252}=0.008$$

$$P(R=3)=P(R=9)=\frac{8}{252}=0.032$$

$$P(R=4)=P(R=8)=\frac{32}{252}=0.127$$

이므로 유의수준 0.016에서의 기각역은 $\{R<3$ 또는 $R>9\}$가 되고,
유의수준 0.080에서의 기각역은 $\{R<4$ 또는 $R>8\}$이 되며,
유의수준 0.324에서의 기각역은 $\{R<5$ 또는 $R>7\}$이 된다.

여기에서는 난수의 수가 작으므로 유의수준이 0.01인 경우에서는 어떤 경우에도 귀무가설은 기각되지 않는다. 주어진 자료의 런의 개수는 6이므로 유의수준 0.3에서조차도 독립성은 기각되지 않으므로 당연히 유의수준 0.05에서 독립성은 기각되지 않는다. ∎

m 과 n 이 값이 작은 경우에는 위의 예와 같이 확률을 바로 계산하여 양측검정으로 검정하면 되지만, m 과 n 의 값이 큰 경우에는 큰 숫자에 대한 조합계산에 어려움이 따른다. 하지만 m 과 n 의 값이 둘 다 큰 경우에는 정규분포에 근사시켜 검정할 수 있다.

$$Z=\frac{R-E(R)}{\sqrt{Var(R)}}$$

여기에서 $E(R)=\dfrac{2mn}{N}+1$, $Var(R)=\dfrac{2mn(2mn-N)}{N^2(N-1)}$ 이다.

예 2.2.6

Up-and-Down 검정과 Run above and below mean 검정을 사용하여 [예 2.2.3]에서 생성된 난수 100개에 대하여 독립성이 있는지를 검정하시오.

풀이

(1) Up-and-Down 검정: 런의 개수가 64이므로

$$Z=\frac{R-(2N-1)/3}{\sqrt{(16N-29)/90}}=-0.558484$$

가 되어 표준정규분포에서의 유의확률은 0.2117이 되어 난수들 사이에 독립성이 있다고 할 수 있다.

(2) Run above and below mean 검정: 100개의 난수값들의 평균은 0.51339이다. 런의 개수는 50이고, 평균보다 큰 값이 49개, 평균보다 작은 값이 51개이므로 m과 n의 값이 둘 다 큰 경우에 해당되어 정규분포에 근사시켜 검정한다. 유의확률이 0.8438로 매우 커 난수들 사이의 독립성이 있다고 할 수 있다. ∎

2.3 확률분포의 생성

통계적 모의실험을 하려면 원하는 확률분포에 따르는 값들을 인위적으로 생성할 수 있어야 한다. 예를 들어, 전화교환시스템을 구현하고자 하는 경우에 적절한 회선의 수와 전화교환수의 수를 결정하는 것이 우선적 과제이다. 이를 해결하기 위하여 외부로부터 걸려오는 통화요구수의 분포와 내부통화빈도의 분포를 조사 또는 추정하고, 해당되는 분포에 따르는 확률변수값들을 생성하여 모의실험할 수 있어야 한다. 원하는 분포에 따르는 값들을 생성하기 위한 생성 알고리즘은 적어도 다음 조건들을 만족하여야 한다.

[조건 1] 생성된 값들의 분포의 형태가 원하는 **확률분포**에 따라야 한다.

[조건 2] 생성개수 또는 생성의 시작위치가 변해도 분포의 형태가 유사해야 한다.

[조건 3] 생성에 소요시간이 작을수록 좋다. 일반적으로 통계적 실험에는 많은 수의 자료생성을 필요로 하므로 원하는 확률변수 생성에 필요한 시간의 단축은 매우 중요한 조건이 된다.

[조건 4] 값들의 생성에서 이웃하는 값들 사이에 독립성을 만족하는 것처럼 보여야 좋은 알고리즘이다. 확률표본(random sample: 서로 독립이고 동일한 분포에 따르는 확률변수들의 집합)의 의미에서 통계적 실험이 이루어지기 때문이다.

[조건 5] 생성된 값들의 동일한 수열이 재생성(regenerate)될 수 있어야 한다. 시스템의 여러 조건을 변화시켜가며 시스템의 현상과 결과를 비교하고자 하는 경우가 많으므로 적어도 주어진 확률분포는 생성된 값과 순서까지 같아야 동일한 실험환경에서의 순수한 비교가 이루어질 수 있다.

위의 조건을 만족하기 위하여 난수생성자를 이용하는 것이 가장 편리하다. 왜냐하면 좋은 난수생성자는 위의 조건을 충실히 따르는 것이기 때문이다. 난수를 이용하여 원하는 분포에 따르는 값들을 생성하는 방법은 분포의 형태에 따라 다르게 선택된다. 그중 중요한 네 가지 방법은 다음과 같다.

(1) **역변환법**(inverse transform method): 확률분포함수의 역함수를 함수식 형태로 구할 수 있는 경우에 사용한다.
(2) **변수변환법**(variable-transformation method): 생성하기 쉬운 확률변수의 함수 형태로 나타나는 확률변수값 생성에 사용한다.
(3) **거절법**(acceptance-rejection method): 대부분의 확률변수값을 생성할 수 있는 일반적인 방법으로, 일정한 조건을 만족하는 경우에 한하여 생성하는 방법으로 이루어져 있다.
(4) **합성법**(composition method): 생성하기 쉬운 확률분포들의 혼합형으로 생각할 수 있는 경우에 사용한다.

위의 방법 외에도 난수를 그대로 이용하여 구할 수 있는 방법도 있다. 다음 예를 보자.

예 2.3.1

이항분포의 생성

실험수가 n 이고 모비율이 p 인 이항분포에 따르는 확률변수값을 100개 생성하는 알고리즘을 구하시오.

풀이

이항분포는 서로 독립이고 동일한 분포를 갖는 베르누이 확률변수들의 합의 분포로 정의할 수 있다. 0과 1 사이의 난수를 생성하여 난수가 모비율 p보다 작을 때 성공한 것으로 한다면, 다음의 과정으로 생성할 수 있다.

[단계 1] 아래 과정을 100번 수행한다.

[1.1] 초기화 단계: $X = 0$

[1.2] 반복 단계: $i = 1, 2, \cdots, n$

난수 U_i 를 생성한 후, $U_i \leq p$이면 $X = X + 1$을 계산한다.

[1.3] 반복 단계가 끝난 후의 X값이 원하는 하나의 이항분포 확률변수값이며 모의실험에 사용한다. ∎

위의 생성 알고리즘은 확률변수값 하나를 생성하기 위하여 항상 n개의 난수를 생성해야만 하므로 효율 면에서 볼 때 그다지 좋지 못하다. $n=30$인 경우 100,000개의 값을 생성하기 위하여 3,000,000개의 난수를 생성해야 하는 것이므로 그만큼 실험시간이 커진다. 통계적 모의실험에는 여러 형태의 분포와 정밀도가 요구되므로 중첩 반복제어가 계속 나타나는 알고리즘 경우에 난수생성 횟수는 기하급수적으로 증가되어 모의실험 시간이 엄청나게 길어지는 문제가 발생한다.

모의실험을 위한 확률변수값의 생성수 N은 원하는 정밀도에 따라 크게 잡아야 하며, 생성 알고리즘은 두 가지 방법이 있으니 모의실험자는 문제 해결에 편리한 방법을 선택하면 된다.

첫 번째 방법은 원하는 확률변수값을 하나씩 생성하면서 모의실험에 사용하는 과정을 반복하도록 알고리즘을 작성하는 것이며, 두 번째 방법은 한꺼번에 확률변수값을 생성한 후에 모의실험을 하는 알고리즘을 작성하는 것이다.

모의실험을 할 때 시스템의 구성요소(내생변수) 값을 변화시키며 비교해야 할 필요가 있는 경우에는 두 번째 방법이 더 좋다. 왜냐하면 생성된 확률변수값을 여러 조건 아래에서 공동으로 사용하기 때문에 조건의 변화에 따른 순수한 효과의 검출이 가능해지기 때문이다. 그러나 수열을 모두 저장해 놓아야 하므로 기억장소를 차지하는 단점이 있다. 이의 해결을 위하여 첫 번째 방법에서 난수의 초깃값(seed number)을 동일하게 주면서 실험하면 된다.

분포생성에 대한 이론적 접근은 통계분포에 대한 이해에 많은 도움을 주므로 2장의 내용을 숙지하기를 권한다.

통계적 모의실험을 위하여 모든 통계 패키지는 다양한 종류의 분포를 생성하는 함수를 내장하고 있어 원하는 분포에 따르는 값들을 손쉽게 생성할 수 있다. R에서 제공하는 분포 생성함수는 [표 2.3.1]과 같다. 자세한 설명은 원하는 분포의 생성함수를 R에서 검색하면 된다. 예를 들어, `R console`에서 `> help(runif)`를 사용하면 균일분포 생성을 위한 설명창이 열린다.

R에서 분포 관련 함수로는 각 분포별로 확률값 계산을 위한 `d---`, 누적확률값 계산을 위한 `p---`, 분위수 계산을 위한 `q---`, 모의실험에서 원하는 분포에 따르는 값들을 생성하기 위한 `r---`을 제공한다. 예를 들어,

(1) `dnorm(34,30,5)`는 $N(30,\ 5^2)$의 확률밀도함수값 $f(34)$를 산출한다.

(2) `pnorm(60,30,5,tail.lower=TRUE)`는 $N(30,\ 5^2)$에서 $P(X \leq\ 60)$ 을 산출한다.

(3) `qnorm(0.05,30,5,tail.lower=TRUE)`는 분위수를 산출하는 함수로 $N(30,\ 5^2)$에서 $P(X \leq\ x_q) = 0.05$인 x_q 를 산출한다.

(4) `rnorm(1000,30,5)`는 $N(30,\ 5^2)$에 따르는 확률변수값을 1,000개 생성한다.

표 2.3.1. 확률변수값 생성 함수

분포	함수	생성함수와 모수들
Beta	rbeta	rbeta(n, shape1, shape2)
Binomial	rbinom	rbinom(n, size, prob)
Cauchy	rcauchy	rcauchy(n, location, scale)
Chi-Square	rchisq	rchisq(n, df)
Exponential	rexp	rexp(n, rate)
F	rf	rf(n, df1, df2)
Gamma	rgamma	rgamma(n, shape, scale)
Geometric	rgeom	rgeom(n, prob)
Hypergeometric	rhyper	rhyper(n, m1, m2, k)
Logistic	rlogis	rlogis(n, location, scale)
Log Normal	rlnorm	rlnormhelp(n, meanlog, sdlog)
Negative Binomial	rnbinom	rnbinom(n, size, prob, mu)
Normal	rnorm	rnorm(n, mean, sd)
Poisson	rpois	rpois(n, lambda)
Student t	rt	rt(n, df)
Uniform	runif	runif(n, min, max)
Weibull	rweibull	rweibull(n, shape, scale)

2.4 역변환법

역변환법은 분포함수의 역함수를 구할 수 있는 경우에만 사용이 가능하며, 역변환법 기본 정리에 의하여 이론적 근거가 주어진다. $F(x)$를 생성을 원하는 분포의 분포함수라고 하자. 분포함수는 단조증가이며 우측연속인 함수이므로 분포함수의 역함수 $F^{-1}(u)$는 아래 식으로 정의된다.

$$F^{-1}(u) = inf\{\ x \mid \ F(x) \geq u\ \},\ 0 \leq\ u \leq\ 1$$

여기에서 *inf* 기호가 붙는 것은 [그림 2.4.1]에서 보듯이 분포함수가 증가하지 않는 경우(해당 구간의 확률값이 0인 경우)가 있기 때문이다.

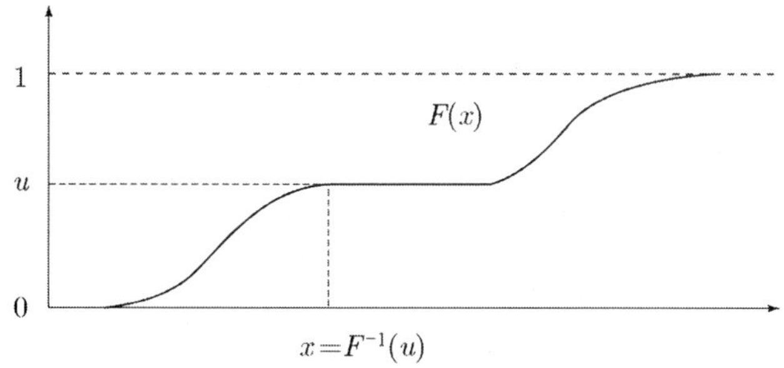

그림 2.4.1. 분포함수의 역함수

역변환법의 기본정리

분포함수 $F(x)$ 의 역함수 $F^{-1}(u)$ 가 알려져 있는 경우에 U 가 표준균일분포 확률변수이면 $X = F^{-1}(U)$는 $F(x)$ 를 분포함수로 가진다.

(증명) 0과 1 사이의 균일분포의 분포함수는

$$F_U(u) = \begin{cases} 0, & u < 0 \\ u, & 0 \leqq u \leqq 1 \\ 1, & u > 1 \end{cases}$$

이고, 분포함수의 역함수의 정의가 다음과 같이 주어져 있으므로,

$$F^{-1}(u) = inf\{\ x \mid \ F(x) \geqq u\ \},\ 0 \leqq u \leqq 1$$

X의 분포함수는 다음 등식들의 관계에서 $F(x)$로 표현된다.

$$\begin{aligned} P(X \leqq x) &= P(F^{-1}(U) \leqq x) \\ &= P(F(F^{-1}(U)) \leqq F(x)) = P(U \leqq F(x)) = F(x). \end{aligned}$$ ∎

분포함수의 역함수를 함수식으로 구할 수 있는 경우에 확률변수 생성을 위한 역변환법의 기본 알고리즘은 다음과 같다.

역변환법 기본 알고리즘

[단계 1] **난수생성 단계.** $\{u_1, u_2, u_3, \cdots, u_N\}$

[단계 2] **확률변수값 생성 단계:** 난수들을 분포함수 $F(x)$의 역함수 $F^{-1}(u)$에 대입하여 확률변수값을 생성한다.

$$x_n = F^{-1}(u_n)\ ,\ n = 1, 2, \cdots, N$$

[단계 3] **통계 실험 단계:** 생성된 확률변수값들을 사용하여 통계적 모의실험을 한다.

역변환법은 분포함수의 역함수를 반드시 알아야만 사용할 수 있는 강한 제약이 있지만, 한 개의 난수의 생성에 한 개의 확률변수값이 생성되기 때문에 생성효율이 매우 높은 방법이다. 즉, 200개의 확률변수값을 생성하기 위하여 200개의 난수생성이 필요하다. 뿐만 아니라 생성된 난수들이 독립성을 만족하면 자동적으로 대응되는 확률변수값들도 독립성을 만족한다.

예 2.4.1

지수분포 생성 알고리즘

지수분포는 시스템이나 부품의 수명분포, 사건발생간격시간 분포 등 우리 생활 주변에서 많이 만날 수 있는 분포이며, 감마분포, 카이제곱분포, 이중지수분포, 와이블 분포 등과 밀접한 관계를 갖는 중요한 분포이다. 모수 λ(평균의 역수)로 결정되는 지수분포의 분포함수는 다음과 같다.

$$F(x) = 1 - e^{-\lambda x}, \quad x > 0.$$

분포함수의 역함수는 $u = F(x) = 1 - e^{-\lambda x}$ 에서 $1 - u = e^{-\lambda x}$ 이므로, 양변에 로그를 취하면 $\ln(1-u) = -\lambda x$ 가 되어 역함수는 다음과 같이 하나의 식으로 표현된다.

$$x = F^{-1}(u) = -\frac{1}{\lambda}\ln(1-u)$$

지수분포는 난수 U에 의하여 식 하나로 구할 수 있으므로 생성에 매우 간단하며 역변환법의 대표적인 예라고 할 수 있다. 더욱이 $1 - U$의 분포와 U의 분포는 모두 표준균일분포로 동일함을 이용하여 위 식을 고쳐 사용한다. 빼기연산을 생략하므로 더 좋은 생성식이 된다. 지수분포 생성 알고리즘은 다음과 같다.

[단계 1] 난수생성 단계: $\{u_1, u_2, u_3, \cdots, u_N\}$

[단계 2] 확률변수값 생성 단계: $x_n = -\dfrac{1}{\lambda}\ln u_n,\ n = 1, 2, \cdots, N$

[단계 3] 통계 실험 단계:

생성된 x_n 들을 사용하여 통계적 실험을 한다. ∎

2.5 변수변환법

분포함수의 역함수가 쉽게 구해지지 않아 원하는 확률변수값의 생성이 역변환법으로는 힘든 경우에는 어떻게 하는가? 우선 원하는 분포에 따르는 확률변수가 (생성이 가능한) 확률변수들의 함수로 표현될 수 있는지를 살펴보도록 하자. 그런 관계식이 찾아지면 생성이 가능해진다. 이를 **변수변환법**이라 한다. 다음의 함수식을 생각해 보자.

$$Y = g(X_1, X_2, \cdots, X_k)$$

여기에서 Y 는 생성하려고 하는 확률변수이며, $X_1, X_2, \cdots, X_k$ 는 생성 알고리즘이 알려져 있는 확률변수들이다. 그러면 변수변환법을 이용한 생성 알고리즘은 다음의 단순한 구조를 가진다.

변수변환법의 기본 알고리즘

[단계 1] $X_1, X_2, \cdots, X_k$ 의 값을 생성한다.

[단계 2] $Y = g(X_1, X_2, \cdots, X_k)$ 를 계산한다.

[단계 3] 생성된 Y 값을 통계적 실험에 사용한다.

(1) 단일변량 함수인 경우

다른 확률변수의 함수로 표현되는 확률변수의 분포에 대하여 살펴보자. 확률변수는 표본공간에서 정의된 수치함수이므로 확률변수의 함수도 확률변수이다. 연속확률변수 X 의 확률밀도함수와 분포함수는 $f_X(x)$와 $F_X(x)$이라고 하자. X로부터 정의되는 새로운 확률변수 Y가 다음과 같이 주어져 있다.

$$Y = g(X)$$

여기에서 g는 연속이며 일대일 대응인 함수이다. 이때 확률변수 Y의 확률밀도함수는 X는 확률밀도함수 $f_X(x)$를 이용하여 다음 식으로 구할 수 있다.

$$f_Y(y) = f_X(g^{-1}(y)) \left| \frac{dy}{dx} \right|^{-1}$$

여기에서 $\frac{dy}{dx}$를 **자코비안**(Jacobian)이라고 하며 $J(x)$로 표시한다. 자코비안이란 변수변환에 의하여 값이 변하는 크기만큼 확률밀도함수의 크기를 보정해 주는 것으로 변수변환 전과 후의 확률이 같아지도록 하는 수정값으로 생각하면 된다.

예 2.5.1

X가 모수가 λ인 지수분포 확률변수일 때 $Y = \sqrt{X}$의 확률밀도함수를 구하고 생성 알고리즘을 구하시오. Y의 분포를 **라이레히 분포**(Rayleigh distribution)라고 한다.

풀이

$x = y^2$이므로 $\frac{dy}{dx}^{-1} = \frac{dx}{dy} = 2y$가 된다. $f_X(x) = \lambda e^{-\lambda x}$이므로 Y의 확률밀도함수는 다음과 같다.

$$f_Y(y) = \lambda e^{-\lambda y^2} \cdot 2y = 2y\lambda e^{-\lambda y^2}, \quad y > 0$$

라이레히 분포에 따르는 확률변수값의 생성은 다음과 같다.

[단계 1] 반복생성 단계: 원하는 생성개수만큼 다음 과정을 반복한다.

(1) 난수 u를 생성한다.

(2) $x = -\frac{1}{\lambda} ln(u)$를 계산하여 지수분포 확률변수값을 생성한다.

(3) $y = \sqrt{x}$를 계산하여 라이레히 확률변수값을 생성한다.

[단계 2] y 값들을 통계적 실험에 사용한다. ∎

(2) 다변량 함수인 경우

여러 개의 확률변수들의 함수로 표현되는 새로운 확률변수의 확률밀도함수를 구하는 방법도 단일변량 함수인 경우와 비슷하다. 이변량 함수일 때를 살펴보자. 변수가 세 개 이상인 경우도 같은 방법으로 확장하여 생각하면 된다.

두 확률변수 X_1, X_2의 결합확률밀도함수를 $f_{X_1,X_2}(x_1, x_2)$ 라고 하고, X_1, X_2와 일대일 대응이 되는 두 확률변수가 다음과 같이 정의되어 있다고 하자.

$$Y_1 = g_1(X_1, X_2),\ \ Y_2 = g_2(X_1, X_2)$$

여기에서 g_1과 g_2는 연속인 편도함수가 존재하는 일대일 대응 함수이다. 두 함수가 모두 일대일 대응이므로 다음의 역함수가 유일하게 존재한다.

$$x_1 = h_1(y_1, y_2),\ \ x_2 = h_2(y_1, y_2)$$

그러면 Y_1과 Y_2의 결합확률밀도함수는 다음과 같이 표현된다.

$$f_{Y_1, Y_2}(y_1, y_2) = f_{X_1, X_2}(x_1, x_2)\ |J(x_1, x_2)|^{-1}$$

여기에서 $J(x_1,x_2) = \begin{vmatrix} \dfrac{\partial g_1}{\partial x_1} & \dfrac{\partial g_1}{\partial x_2} \\ \dfrac{\partial g_2}{\partial x_1} & \dfrac{\partial g_2}{\partial x_2} \end{vmatrix} \ (\neq 0)$

이며, 식의 결과에 x_1 대신 $h_1(y_1, y_2)$를, x_2 대신 $h_2(y_1, y_2)$를 대입하면 된다. 원하는 것이 결합확률분포가 아니고 Y_1 만의 확률밀도함수라면 추가변수 Y_2 를 쟈코비안 계산이 쉽도록 잡아주고, 구해진 식을 Y_2 에 대하여 적분하여 Y_1 의 주변확률밀도함수를 구하면 된다. 다음 예제의 풀이과정을 살펴보라.

예 2.5.2

두 확률변수 X_1, X_2가 서로 독립이며 각각 동일한 모수 λ 를 갖는 지수분포를 가질 때, $X_1 - X_2$의 확률밀도함수를 구하고, 생성 알고리즘을 구하시오.

풀이

$Y_1 = X_1 - X_2$로 두고 $Y_2 = X_2$라는 확률변수를 추가로 생각한다. $X_1 = Y_1 + Y_2$, $X_2 = Y_2$가 되어 (X_1, X_2)와 (Y_1, Y_2)는 일대일 대응이 됨을 알 수 있다. 쟈코비안을

구하면

$$J(x_1,\ x_2)\ =\ \begin{vmatrix} \dfrac{\partial g_1}{\partial x_1} & \dfrac{\partial g_1}{\partial x_2} \\ \dfrac{\partial g_2}{\partial x_1} & \dfrac{\partial g_2}{\partial x_2} \end{vmatrix} = \begin{vmatrix} 1 & -1 \\ 0 & 1 \end{vmatrix} = 1$$

이므로, $(Y_1,\ Y_2)$의 결합확률밀도함수는 다음으로 구해진다.

$$f_{Y_1,Y_2}(y_1,y_2) = f_{X_1,X_2}(x_1,x_2)\,|J(x_1,x_2)|^{-1} = \lambda^2 e^{-\lambda(x_1+x_2)} = \lambda^2 e^{-\lambda(y_1+2y_2)}$$

또한 $x_1 = y_1 + y_2 > 0,\ x_2 = y_2 > 0$이므로 $-\infty < y_1 < \infty,\ y_2 > 0$가 된다. Y_1의 확률밀도함수를 구하는 것이 목적이므로, 결합확률밀도함수를 y_2에 대하여 적분하면 되지만 $y_2 > -y_1,\ y_2 > 0$의 관계가 있으므로 y_1을 양수와 음수인 경우로 나누어 적분한다.

$$f_{Y_1}(y_1) = \begin{cases} \lambda e^{-\lambda y_1}\displaystyle\int_0^{\infty} e^{-2\lambda y_2} dy_2 = \frac{1}{2}\lambda e^{-\lambda y_1}, & y_1 \geqq 0 \\ \lambda e^{-\lambda y_1}\displaystyle\int_{-y_1}^{\infty} e^{-2\lambda y_2} dy_2 = \frac{1}{2}\lambda e^{\lambda y_1}, & y_1 < 0 \end{cases}$$

$$= \frac{1}{2}\lambda e^{-\lambda|y_1|}, \quad -\infty < y_1 < \infty$$

즉, $Y_2 = X_1 - X_2$의 확률밀도함수는 $f_{Y_1}(y_1)$ 이 된다. 이 분포는 지수분포의 확률밀도함수를 양수와 음수 부분으로 대칭시킨 형태이므로 **이중지수분포**(double exponential distribution)라고 한다. 이중지수분포에 따르는 확률변수값의 생성은 다음과 같다.

[단계 1] 반복생성단계: 생성개수만큼 다음 과정을 반복한다.

(1) 난수 u_1, u_2 를 생성한다.

(2) $x_1 = -\frac{1}{\lambda}ln(u_1),\ x_2 = -\frac{1}{\lambda}ln(u_2)$를 계산한다.

(3) $y = x_1 - x_2$ 를 계산한다.

[단계 2] y 값들을 통계적 실험에 사용한다. ∎

예 2.5.3

정규분포의 생성

정규분포는 통계적 분석에서 가장 많이 사용되는 분포이다. 평균이 μ이고 분산이 σ^2인 정규분포에 따르는 확률변수 X값의 생성은 표준정규분포 확률변수 Z에 의하여 $X = \mu + \sigma \cdot Z$으로 생성되므로 표준정규분포 생성에 대해서만 알아보면 된다. 표준정규분포의 생성방법은 여러 가지가 있으나 가장 보편적이며 효율적인 방법은 **박스-뮬러 방법**(Box-Muller method)이다. 박스-뮬러 방법의 이론적 근거를 살펴보도록 하자. 표준정규분포의 확률밀도함수는 다음과 같다.

$$f_X(x) = \frac{1}{\sqrt{2\pi}} e^{-x^2/2}, \quad -\infty < x < \infty$$

두 확률변수 U_1, U_2가 표준균일분포에 따르고 서로 독립인 경우에 U_1과 U_2의 함수로 표현되는 다음 두 확률변수를 생각해 보자.

$$Z_1 = \sqrt{-2 \ln U_1} \cdot \cos(2\pi U_2), \; Z_2 = \sqrt{-2 \ln U_1} \cdot \sin(2\pi U_2)$$

여기에서 $V = -\ln U_1$, $U = U_2$로 치환하면, V는 평균이 1인 지수분포에 따르고, U는 표준균일분포에 따르며 서로 독립인 확률변수가 된다. $Z_1 = \sqrt{2V} \cdot \cos(2\pi U)$, $Z_2 = \sqrt{2V} \cdot \sin(2\pi U)$이므로

$$Z_1^2 + Z_2^2 = 2V, \quad \frac{Z_2}{Z_1} = \tan(2\pi U)$$

의 관계가 성립되어 (V, U)와 (Z_1, Z_2)는 일대일 대응이 된다. 따라서 다음의 결과를 유도할 수 있다.

$$J(z_1, z_2) = \begin{vmatrix} \frac{\partial u}{\partial z_1} & \frac{\partial u}{\partial z_2} \\ \frac{\partial v}{\partial z_1} & \frac{\partial v}{\partial z_2} \end{vmatrix} = \begin{vmatrix} -z_2/4\pi v & z_1/4\pi v \\ z_1 & z_2 \end{vmatrix} = -\frac{1}{4\pi v}(z_1^2 + z_2^2) = -\frac{1}{2\pi}$$

$$\begin{aligned} f_{Z_1, Z_2}(z_1, z_2) &= f_{U,V}(u, v)\,|J| = \frac{1}{2\pi} exp(-\frac{z_1^2 + z_2^2}{2}) \\ &= \frac{1}{\sqrt{2\pi}} exp(-z_1^2/2) \cdot \frac{1}{\sqrt{2\pi}} exp(-z_2^2/2) \end{aligned}$$

그러므로 Z_1과 Z_2은 서로 독립이고 표준정규분포에 따르는 확률변수이다. 따라서 박스－뮐러 방법에 의한 정규분포 생성 알고리즘은 다음과 같다.

박스-뮐러 방법에 의한 정규분포 생성 알고리즘

[단계 1] 난수 u_1, u_2를 생성한다.

[단계 2] $z = \sqrt{-2\ln u_1} \cdot \cos(2\pi u_2)$,

$x = \mu + \sigma z$

[단계 3] x를 정규분포 확률변수값으로 통계 실험에 사용한다.

`rnorm(n,15,5)` 함수를 사용하여 평균이 15, 표준편차가 5인 정규분포에 따르는 값을 20개, 50개, 100개, 500개를 생성하여 히스토그램을 작성하였다. 함께 그려진 곡선은 $N(15,\ 25)$의 확률밀도함수이다. 몇 개 이상을 생성해야 정규분포에 가깝다고 할 수 있는지 생각해 보라.

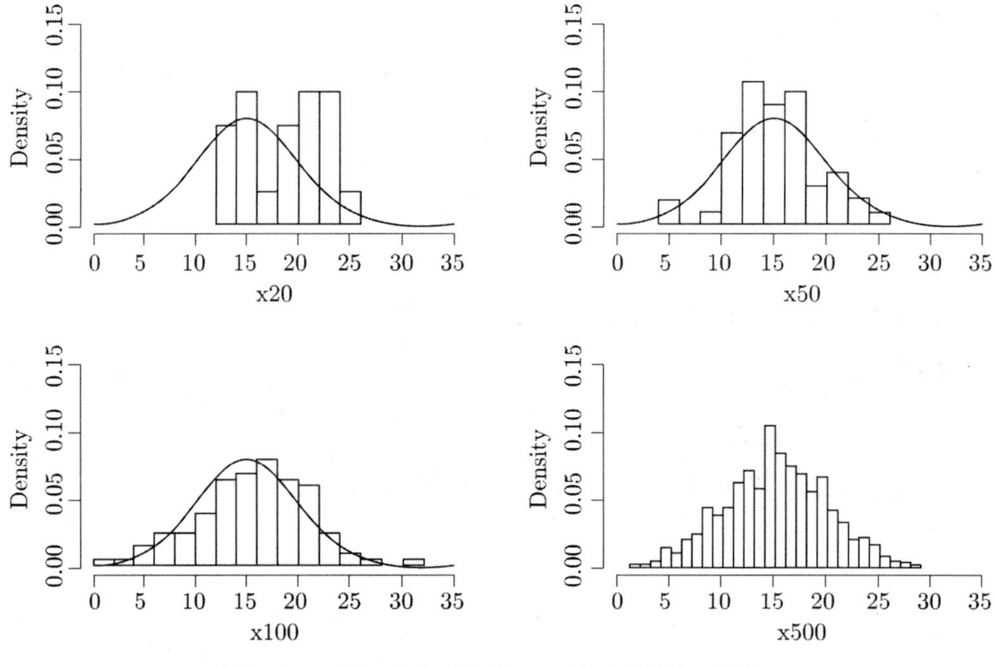

그림 2.5.1. 표본크기에 따른 히스토그램과 정규분포 곡선

∎

예 2.5.4

로그-정규분포의 생성

로그-정규분포(log-normal distribution)는 로그변환을 하면 정규분포에 따르는 확률변수의 분포이며, 강수량 자료에서 많이 보이는 형태이다. 즉, 확률변수 X의 분포가 정규분포이면 $Y = e^X$의 분포가 로그-정규분포가 된다. $J(x) = e^x$이므로 평균과 분산이 알려져 있는 로그-정규분포의 생성은 다음과 같다.

[단계 1] 초기화 단계: 로그-정규분포의 평균과 분산으로 대응되는 정규분포의 평균과 분산을 구한다.

[단계 2] 반복생성 단계: 원하는 개수만큼 다음의 과정을 반복한다.

[2.1] 박스-뮐러 방법으로 정규분포 확률변수값 X를 생성한다.

[2.2] $Y = e^X$를 계산하여 로그-정규분포값을 생성한다.

[단계 3] Y값을 통계적 실험에 사용한다.

Y의 평균과 분산과 X의 평균과 분산의 관계를 다음과 같다.

$$Var(X) = \ln\left(\frac{Var(Y)}{E(Y)} + 1\right), \quad E(X) = \ln E(Y) - \frac{1}{2}Var(X).$$ ∎

예 2.5.5

와이블 분포의 생성

제품의 품질보증 및 신뢰수명의 검정을 위하여 수명분포를 조사하는 것은 중요한 일이다. 이를 위하여 유용한 분포 중 하나가 **와이블 분포**(Weibull distribution)이다. 와이블 분포는 지수분포 확률변수의 변환에 의하여 다음과 같이 정의된다. X가 모수 λ인 지수분포에 따를 때, $Y = X^{1/\beta}$로 놓으면, Y는 와이블 분포에 따른다. 즉, 와이블 분포 확률변수값의 생성은 지수분포 확률변수값을 사용하여 구하면 된다. Y의 확률밀도함수는 다음으로 나타난다.

$$f_Y(y) = \lambda\beta y^{\beta-1}e^{-\lambda y^\beta}, \quad 0 < y$$

여기에서 β는 형태모수(shape parameter)이며, λ는 척도모수(scale parameter)가 된다. $\beta = 1$인 경우는 지수분포가 되고, $\beta = 2$인 경우는 라이레히 분포가 된다. ∎

2.6 거절법

역변환법은 분포함수의 역함수를 구할 수 있는 경우에만 사용할 수 있고, 변수변환법은 생성할 수 있는 확률변수들의 함수로 표현될 때에만 사용할 수 있는 제한성을 가지고 있다. 이러한 제한성이 없고 보다 일반적인 방법은 없는가? 다시 말하면, 확률밀도함수가 주어져 있는 모든 분포를 생성할 수 있는 방법은 없는가? 일반적인 방법으로 **거절법**이 있다. 거절법은 1951년 폰 노이만에 의하여 제안되었으며, 거절법이란 이름이 붙은 이유는 적당한 분포로부터 확률변수값을 생성하고 그 중에서 특정 조건에 맞는 경우만 채택하고 맞지 않는 경우는 거절하는 방법으로 생성하기 때문이다. 다음의 기본정리를 보면 알 수 있을 것이다.

거절법의 기본정리

확률변수 X 의 확률밀도함수가 $f_X(x) = Cg(x)h(x)$의 구조를 가지고 있다. 여기에서 $C \geqq 1$, $0 < g(x) \leqq 1$이고, $h(x)$는 어느 확률밀도함수이다. 확률변수 U가 0과 1 사이의 균일분포에 따르고, 확률변수 Y는 $h(y)$를 확률밀도함수로 가지며 서로 독립이라면 다음의 등식이 성립한다.

$$f_Y(x \mid U \leqq g(Y)) = f_X(x).$$

(증명) 조건부확률의 의미에서 보면,

$$f_Y(x \mid U \leqq g(Y)) = \frac{P(U \leqq g(Y) \mid Y = x)h(x)}{P(U \leqq g(Y))}$$

이 된다. 조건에서 주어진 독립성과 균일분포의 성질을 사용하면,

$$P(U \leqq g(Y) \mid Y = x) = P(U \leqq g(x)) = g(x)$$

이 되므로 **전확률의 공식**(the law of total probabilities)을 사용하면 다음의 과정으로 정리가 증명된다.

$$\begin{aligned} P(U \leqq g(Y)) &= \int_R P(U \leqq g(Y) \mid Y = x)\, h(x)\, dx \\ &= \int_R P(U \leqq g(x))\, h(x)\, dx \end{aligned}$$

$$= \int_R g(x)\,h(x)\,dx$$
$$= \frac{1}{C}\int_R f_X(x)\,dx = \frac{1}{C}$$

그러므로 다음의 등식을 얻는다.

$$f_Y(x \mid U \leq g(Y)) = C\,g(x)\,h(x) = f_X(x)$$ ∎

거절법에서는 일반적으로 $C \cdot h(x)$를 $\phi(x)$로 표시한다. 즉,

$$f_X(x) = \phi(x) \cdot g(x)$$

이 된다. 난수생성자를 사용하여 U와 Y의 값을 생성한 후 $U \leq g(Y)$인 경우(채택)의 Y의 값들만을 모으면 이들의 분포가 원하는 확률변수 X의 분포가 된다는 것이 기본정리의 의미이다.

거절법의 기본 알고리즘

[단계 1] 난수생성자를 사용하여 난수 u_1를 생성한다.

[단계 2] y 값의 생성단계: h에서 y 값을 생성한다.

[단계 3] 비교단계:

$u_1 \leq g(y)$이면, y 값을 x 값으로 사용한다. (채택)

아니면, 다시 [단계 1]로 돌아간다. (거절)

채택이 될 확률이 높을수록 생성의 속도가 빨라지므로 좋은 알고리즘이 된다. $C \geq 1$이고 채택이 될 확률은 $P(U \leq g(Y)) = 1/C$이므로 효율적인 거절법 알고리즘의 조건은 다음과 같다.

(1) C가 작을수록 알고리즘의 **효율성**(efficiency)이 좋아진다.

(2) $h(y)$으로부터 Y값의 생성이 쉬워야 한다.

거절법 알고리즘은 생성하고자 하는 확률분포의 확률밀도함수가 $f_X(x) = \phi(x)\,g(x)$로 주어져 있는 경우에만 사용할 수 있는 제한적인 알고리즘으로 보이지만, 실제로 거의 모든

경우에 사용할 수 있는 일반적인 방법이다. 실제로 모의실험을 하는 경우에는 $(-\infty, \infty)$에서의 생성보다는 적당한 구간 (a, b)에서의 생성이 더 현실적이다. 버스의 도착간격시간의 분포가 정규분포의 형태를 가지고 있다고 하더라도 실제로는 음수 부분과 아주 큰 값 이후가 절단된 정규분포가 현실적이다.

거절법이 일반적인 방법이라는 뜻을 살펴보자. 확률변수 X의 값을 생성하고자 한다. 확률변수 X가 구간 $[a, b]$에서 정의되어 있고, 확률밀도함수에 대하여 $f_X(x) \leqq M$이 만족되는 값 M이 존재한다. 이런 경우에 노이만(1951)은 확률변수값 생성 알고리즘을 다음과 같이 제안하였다. $\phi(x) = M$이라고 놓으면, $f_X(x) \leqq M$이므로 Y가 $U(a, b)$에 따르면 확률밀도함수는 $h(x) = \frac{1}{b-a}$가 되며,

$$C = M(b-a) \geqq 1, \quad g(x) = \frac{f_X(x)}{M}, \ a \leqq x \leqq b$$

가 되어 기본정리의 조건을 만족한다. 따라서 기본정리에 의하여 다음의 알고리즘으로 원하는 확률변수값을 생성할 수 있다.

균일분포를 사용한 거절법

[단계 1] 난수생성자를 사용하여 난수 u_1와 u_2를 생성한다.

[단계 2] Y값의 생성단계: $y = a + (b-a) \cdot u_2$

[단계 3] 비교단계:

$u_2 \leqq g(y)$이면, y 값을 x 값으로 사용한다. (채택)

아니면, 다시 [단계 1]로 돌아간다. (거절)

예 2.6.1

평균이 5인 지수분포에서 10 이상의 값들은 절단시킨 절단지수분포에 따르는 확률변수값을 균일분포를 사용한 거절법으로 200개 생성하고, 채택률을 구하시오.

풀이

평균이 5이고 10 이상을 절단한 지수분포의 확률밀도함수는

$$f(x) = \frac{1}{5}e^{-x/5} \cdot \frac{1}{F(10)}, \quad 0 < x < 10$$

이 된다. $M = [5(1-e^{-10/5})]^{-1} = 0.23131$로 놓으면 $f(x) < M$이 되고, $h(x)$를 0과

10사이의 균일분포의 확률밀도함수라면, 원하는 확률변수값들을 생성할 수 있다.

① **생성된 자료의 기초 통계치**

N	MEAN	MEDIAN	STDEV	MIN	MAX	Q1	Q3
200	3.126	2.426	2.491	0.007	9.962	1.016	4.604

② **채택률**: 459개 중 200개 채택으로 채택률은 0.4357이다. ∎

두 확률변수 X_1과 X_2의 결합확률밀도함수가 $h_{1,2}(x_1, x_2)$일 때,

$$P(X_1 \leq x \mid X_2 \leq T(X_1)) = \frac{\int_{-\infty}^{x} \int_{-\infty}^{T(x_1)} h_{1,2}(x_1, x_2) dx_1 dx_2}{P(X_2 \leq T(X_1))}$$

는 어느 분포의 분포함수가 된다. 이 식을 x에 대하여 미분하면,

$$f_X(x) = \frac{\int_{-\infty}^{T(x)} h_{1,2}(x, x_2) dx_2}{P(X_2 \leq T(X_1))}$$

로 되며, X_1과 X_2가 서로 독립이면 $h_{1,2}(x_1, x_2) = h_1(x_1) h_2(x_2)$이므로 다음의 식이 얻어진다.

$$f_X(x) = \frac{h_1(x) \int_{-\infty}^{T(x)} h_2(x_2) dx_2}{P(X_2 \leq T(X_1))} = \frac{h_1(x) \cdot H_2(T(x))}{P(X_2 \leq T(X_1))} = C h_1(x) H_2(T(x))$$

여기에서 $H_2(x)$는 X_2의 분포함수이고, $C = 1 / P(X_2 \leq T(X_1))$이므로 $C \geq 1$이 된다. $g(x) = H_2(T(x))$로 놓으면 1 이하 값을 갖게 되므로, $f_X(x) = C g(x) h_1(x)$ 형태인 거절법의 조건을 만족하게 된다. 그러므로 확률밀도함수가 $f_X(x) = C h_1(x) H_2(T(x))$로 표현될 수 있을 때는 거절법을 사용할 수 있으며 생성 알고리즘은 다음과 같다.

일반화 거절법 알고리즘

[단계 1] 확률밀도함수 h_1, h_2으로부터 x_1과 x_2를 생성한다.

[단계 2] $x_2 \leq T(x_1)$이면 x_1을 원하는 확률변수값으로 사용하고, 아니면 다시 [단계 1]로 돌아간다.

거절법 알고리즘의 [단계 2]에서 조건식 $x_2 \leqq T(x_1)$ 이 나온 이유를 살펴보면, $U \leqq g(x_1) = H_2(T(x_1))$ 에서 분포함수의 단조증가성에 의하여 $H_2^{-1}(U) \leqq T(x_1)$가 되고, 역변환법의 성질에 의하여 $x_2 = H_2^{-1}(U)$ 가 성립하기 때문에 $x_2 \leqq T(x_1)$ 로 간단히 표현된다.

예 2.6.2

베타분포의 생성

베타분포(beta distribution)는 제품의 불량률처럼 0과 1 사이의 값을 갖는 확률변수의 분포이며 다음의 확률밀도함수를 가진다.

$$f_X(x) = \frac{\Gamma(\alpha+\beta)}{\Gamma(\alpha)\Gamma(\beta)} x^{\alpha-1}(1-x)^{\beta-1}, \quad 0 \leqq x \leqq 1,\ \alpha, \beta > 0$$

베타분포는 일반화 거절법으로 생성할 수 있다.

$$f_X(x) = \frac{1}{\beta}\frac{\Gamma(\alpha+\beta)}{\Gamma(\alpha)\Gamma(\beta)} \cdot x^{\alpha-1} \cdot \beta(1-x)^{\beta-1} = C \cdot H_2(x) \cdot h_1(x)$$

로 표현할 수 있고(이 경우는 $T(x) = x$), X_1과 X_2는 다음과 같이 역변환법으로 생성할 수 있다.

$$X_1 = 1 - U_1^{1/\beta}, \quad X_2 = U_2^{1/(\alpha-1)}$$

그러므로 베타분포의 생성 알고리즘은 다음으로 주어진다.

[단계 1] 난수 u_1, u_2를 생성한다.

[단계 2] $x_1 = 1 - u_1^{1/\beta}, \quad x_2 = u_2^{1/(\alpha-1)}$를 계산한다.

[단계 3] $x_2 \leqq x_1$이면 x_1를 베타분포값으로 사용하고,
아니면 다시 [단계 1]로 돌아간다. ∎

2.7 합성법

합성법은 여러 분포의 **혼합분포**(mixture distribution)를 생성하는 방법이다. 혼합분포이론은 인식시스템처럼 여러 통계분포가 혼합된 복잡한 구조로 된 시스템 분석이나, 불량률이 다른

제품집단의 분석 등 여러 분야에서 활용되고 있다.

$f(x \mid \theta)$ 는 모수 θ 에 의하여 분포가 결정되는 확률밀도함수이다. 모수 θ 가 확률밀도함수 $h(\theta)$ 에 따르는 확률변수라면, 확률변수 X 의 확률밀도함수는 연속확률분포와 이산확률분포인 경우에 각각

$$f_X(x) = \int f(x \mid \theta)\, h(\theta)\, d\theta$$

$$f_X(x) = \sum_i f(x \mid \theta = \theta_i)\, h(\theta_i)$$

로 나타난다. 합성법에 의한 생성 알고리즘은 다음과 같다.

합성법의 기본 알고리즘

[단계 1] $h(\theta)$ 로부터 θ값을 생성하고,

[단계 2] 생성된 θ 값에 의한 $f(x|\theta)$ 로부터 x 값을 생성한다.

예 2.7.1

베타 – 이항분포의 생성

제품의 집단에서 불량품의 수의 분포를 조사하려고 한다. 제품을 소집단으로 묶은 로트(lot)마다 불량률이 다르며 로트의 불량률 p 가 베타분포에 따른다고 하자. 전체에서 n 개의 제품을 임의 추출할 때 표본에서 불량품의 수 X 의 분포를 생성해 보자. 즉, $X \sim b(n, p),\ p \sim Beta(\alpha, \beta)$인 경우의 X 의 분포를 구하는 것이다. X 의 비조건부 분포는 다음과 같다.

$$\begin{aligned} f_X(x) &= \int f(x \mid p) h(p)\, dp \\ &= \int_0^1 \binom{n}{x} p^x (1-p)^{n-x} \frac{\Gamma(\alpha+\beta)}{\Gamma(\alpha)\Gamma(\beta)} p^{\alpha-1} (1-p)^{\beta-1} dp \end{aligned}$$

이를 베타–이항분포(beta-binomial distribution)이라고 한다. X 값의 생성은 합성법의 기본 알고리즘에서 보인 것처럼 먼저 베타분포로부터 불량률을 생성하고, 다음에 생성된 불량률에 의하여 결정되는 이항분포에서 X 값을 하나 생성하는 과정을 반복하면 된다. ∎

예 2.7.2

다섯 개의 소집단으로 이루어진 집단이 있다. 소집단 수의 전체수에 대한 비율은 각각 0.2, 0.1, 0.3, 0.1, 0.3이며, 특성치의 분포는 각각 $\mathrm{EXP}(0.2)$, $N(5,9)$, $N(3,4)$, $\mathrm{EXP}(0.5)$, $N(20,5)$이다. 전체 집단의 분포에 따르는 값을 1,000개 생성하시오.

풀이

먼저 난수를 생성하여 난수가 속한 범위가 0.0~0.2이면 $\mathrm{EXP}(0.2)$에서 생성하고, 0.2~0.3이면 $N(5, 9)$에서 생성하고, 0.3~0.6이면 $N(3, 4)$에서, 0.6~0.7이면 $\mathrm{EXP}(0.5)$에서, 0.7~1.0이면 $N(20, 25)$에서 생성하면 된다.

① R 프로그램

```
## generation of mixture of distribution

n=rep(0,5)
set.seed(12345)

for (i in 1:1000) {
  u = runif(1,0,1)
  if (u<0.2) {
      x[i]=rexp(1,0.2)
      n[1]=n[1]+1
  }
  else if (u<0.3) {
      x[i]=rnorm(1,5,3)
      n[2]=n[2]+1
  }
  else if (u<0.6) {
      x[i]=rnorm(1,3,2)
      n[3]=n[3]+1
  }
  else if (u<0.7) {
      x[i]=rexp(1,0.5)
      n[4]=n[4]+1
  }
  else {
      x[i]=rnorm(1,20,5)
      n[5]=n[5]+1
  }
}
n
summary(x)
hist(x, freq=FALSE, breaks=30, xlim=c(-10,40), ylim=c(0,0.2))
```

② 소집단별로 각각 180개, 93개, 305개, 110개, 312개 생성됨

③ 기초통계치

```
  Min. 1st Qu.  Median    Mean 3rd Qu.    Max.
-4.304   1.578   3.770   6.094   7.086  35.440
```

④ 상대도수 히스토그램

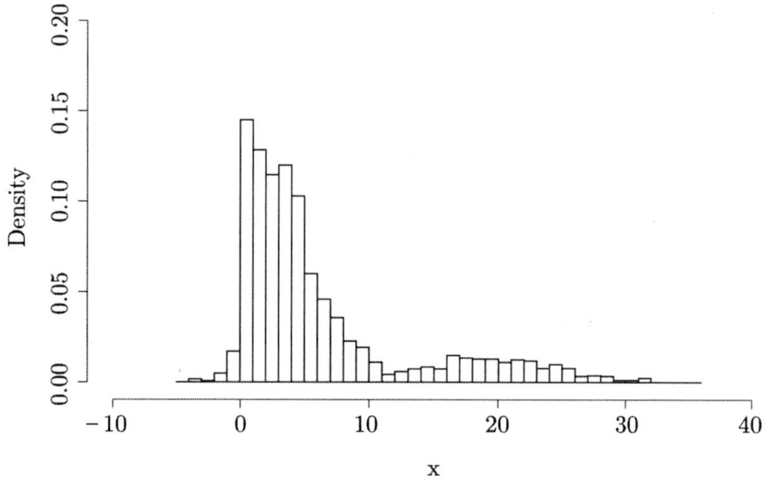

2.8 연습문제

2.1 다음의 난수생성식이 완전주기를 가지고 있는지 검토하시오.

(1) $X_{n+1} = 13X_n + 13 \pmod{16}$

(2) $X_{n+1} = 12X_n + 13 \pmod{16}$

(3) $X_{n+1} = 13X_n + 12 \pmod{16}$

2.2 다음의 자료들이 난수의 조건을 만족하고 있는지 아래 검정법으로 검정하시오.

0.651	0.764	0.210	0.709	0.204	0.964	0.840	0.420	0.189	0.750
0.221	0.502	0.260	0.283	0.156	0.656	0.833	0.511	0.972	0.966
0.795	0.946	0.620	0.582	0.387	0.183	0.178	0.690	0.107	0.138
0.372	0.513	0.987	0.476	0.184	0.526	0.067	0.182	0.162	0.635
0.432	0.767	0.511	0.523	0.636	0.060	0.572	0.878	0.878	0.060
0.769	0.739	0.747	0.819	0.629	0.659	0.913	0.826	0.957	0.921
0.570	0.849	0.780	0.508	0.010	0.722	0.125	0.065	0.147	0.032
0.252	0.558	0.347	0.177	0.419	0.850	0.404	0.772	0.779	0.923
0.006	0.859	0.500	0.947	0.537	0.899	0.707	0.937	0.551	0.013
0.334	0.198	0.777	0.440	0.479	0.282	0.976	0.678	0.364	0.682

(1) 카이제곱 적합도 검정

(2) 콜모고로프-스머노프 적합도 검정

(3) Up-and-Down 검정

(4) Run above and below the mean 검정

2.3 난수의 독립성을 검정하기 위하여 생성된 난수에서 동일한 숫자가 몇 번 반복되었는지를 검토하는 방법이 있다. 이를 **포커검정**(poker test)이라고 한다. 난수가 0.000부터 0.999까지 세 자리 유효숫자로 구성된 경우에 다음을 구하시오.

(1) 0.123처럼 세 숫자가 모두 다를 확률을 구하시오.

(2) 0.355처럼 두 숫자만 동일할 확률을 구하시오.

(3) 0.111처럼 세 숫자가 모두 같을 확률을 구하시오.

2.4 균일분포 $U(a, b)$ 의 분포함수는 $F(x) = \dfrac{x-a}{b-a}$, $a \leq x \leq b$,이다. 분포함수의 역함수를 구하여 확률변수값 100개를 생성하시오.

2.5 **로지스틱 분포**(logistic distribution) 생성 알고리즘을 작성하고, 확률변수값을 1000개 생성하시오. 로지스틱 분포는 종속변수값이 질병의 유무, 성공과 실패 등과 같이 0과 1로 표현되는 가변수(dummy variable)인 경우에 사용되는 분포로 응용분야가 매우 넓은 분포이며, 확률밀도함수는 다음과 같다.

$$f(x) = \frac{\exp[-(x-\alpha)/\beta]}{\beta[1+\exp[-(x-\alpha)/\beta]]^2}, \quad -\infty < x < \infty,\ \alpha, \beta > 0$$

2.6 **검벨 분포**(Gumbel distribution)라고 하는 극한치 분포에 따르는 확률변수값을 500개 생성하시오. 확률밀도함수는 다음과 같다.

$$f(x) = \frac{1}{\beta} exp\left[-e^{-(x-\alpha)/\beta} - (x-\alpha)/\beta\right],$$
$$-\infty < x < \infty,\ -\infty < \alpha < \infty,\ \beta > 0$$

2.7 r 번째 성공까지의 베르누이시행의 독립반복시행횟수의 분포를 **음이항분포**(negative binomial distribution)라고 한다.

(1) 음이항분포의 확률밀도함수를 구하시오.

(2) 음이항분포가 서로 독립이며 동일한 분포를 하는 기하분포에 따르는 확률변수들의 합으로 나타남을 보여라.

(3) 음이항분포에 따르는 확률변수값을 100개 생성하시오.

2.8 확률밀도함수가 삼각형의 형태로 나타나는 분포를 **삼각분포**(triangular distribution)라고 한다. 다음의 확률밀도함수를 갖는 삼각분포에 따르는 확률변수값을 100개 생성하시오. 삼각분포는 분포에 대한 정보가 적은 경우에 근사분포로 사용되기도 하며, **퍼지수**(fuzzy number)에서 고려되기도 하는 등 여러 분야에서 편리성을 지니고 많이 사용되는 분포이다.

$$f(x) = \begin{cases} 0 & , x < 2a \\ \dfrac{x-2a}{(b-a)^2} & , 2a \leq x < a+b \\ \dfrac{2b-x}{(b-a)^2} & , a+b \leq x < 2b \\ 0 & , x \geq b \end{cases}$$

2.9 이항분포의 정규분포 근사 성질을 살펴보고자 한다. 모비율과 실험횟수를 변화시켜가며 이항분포값을 생성하고 모비율의 크기에 따라 실험횟수가 어느 정도 이상이 되어야 정규분포에 가깝다고 할 수 있을지 그래프를 통하여 검토하시오.

2.10 초기하분포 $H(1000, 20, 0.3)$에 따르는 확률변수값을 100개 생성하시오. 또한 이항분포 $b(20, 0.3)$ 에 따르는 확률변수값을 100개 생성하여 두 분포의 결과를 비교하여 초기하분포의 이항분포 근사에 대하여 설명하시오.

2.11 베타분포(beta distribution)는 0과 1 사이의 값을 갖는 확률변수의 분포로 다음의 확률밀도함수를 가진다.

$$f_X(x) = \frac{\Gamma(\alpha+\beta)}{\Gamma(\alpha)\Gamma(\beta)} x^{\alpha-1}(1-x)^{\beta-1}, \quad 0 \leqq x \leqq 1, \ \alpha, \beta > 0$$

X_1과 X_2가 서로 독립이며 각각 감마분포 $\Gamma(\alpha, 1)$과 $\Gamma(\beta, 1)$에 따르는 확률변수일 때, 변수변환법에 의하여 $X_1/(X_1 + X_2)$는 베타분포 $Be(\alpha, \beta)$에 따름을 보이시오.

2.12 와이블분포의 확률밀도함수의 형태가 모수들에 따라 어떻게 변화되는지를 모수값을 변화시켜가며 확률변수값을 생성하여 히스토그램과 기초통계량을 비교하시오.

2.13 정규모집단의 모평균에 대한 가설 $H_0: \mu = 15$을 검증하기 위하여, 임의추출된 30개의 확률표본의 표본평균 $\overline{X}$에 의하여 T 통계량은 다음과 같이 주어진다.

$$T = \frac{\overline{X} - 15}{S/\sqrt{30}}, \text{ 여기에서 } S^2 = \frac{1}{29}\sum_{i=1}^{30}(X_i - \overline{X})^2 \text{ 이다.}$$

t 분포표를 사용하지 말고, T값을 1000개 생성하여 유의수준 0.05에서의 양측검증에 대한 임계치를 구하시오.

2.14 t 분포, 카이제곱분포, F 분포는 모집단의 분포가 정규분포일 때만 이론적으로 성립하는 분포들이다. 정규성 가정이 얼마나 중요한지를 살펴보고자 한다. 모집단의 분포가 정규분포가 아닌 경우에서 F 통계량을 사용하였을 때의 분포와 모집단이 정규분포인

경우의 F 통계량의 분포가 얼마나 차이가 나는지 알아보면 될 것이다. 자유도를 같게 하고 각각의 경우에 대한 확률변수값을 생성하여 비교하시오.

2.15 평균이 5이고 분산이 2인 로그-정규분포에 따르는 값을 100개 생성하고 히스토그램을 작성하시오.

2.16 자유도가 5, 10, 50, 100인 카이제곱분포에 따르는 값을 각각 200개씩 생성하고 각각의 히스토그램을 작성하고 비교하시오.

2.17 자유도가 (2, 10), (10, 2), (50, 50)인 F 분포 확률변수값을 각각 200개씩 생성하고 히스토그램을 작성하고 비교하시오.

2.18 $\lambda = 5$이며 $n = 10$인 얼랑분포값을 100개 생성하시오.

2.19 다음의 확률밀도함수를 갖는 확률변수값을 거절법과 역변환법을 사용하여 각각 100개씩 생성하고 비교하시오.

(1) $f(x) = 3x^2, \quad 0 \leqq x \leqq 1$

(2) $f(x) = \begin{cases} -x & ,-1 < x \leqq 0 \\ x & ,0 < x \leqq 1 \\ 0 & ,\text{그밖에} \end{cases}$

2.20 거절법을 사용한 표준정규분포의 생성을 위하여 다음의 과정을 생각하였다.

[단계 1] $f(x) = \sqrt{\frac{2}{\pi}}\, e^{-x^2/2}, \ x \geqq 0$,에서 X 값을 생성한다.

[단계 2] 난수 U를 생성하여 $U > 0.5$ 이면 $Y = X$, $U \leqq 0.5$ 이면 $Y = 1 - X$ 로 놓고, Y를 표준정규분포 확률변수값으로 사용한다.

(1) 거절법을 사용하여 [단계 1]의 X 값 생성 알고리즘을 작성하시오.
($C = \sqrt{2e/\pi}$, $h(x) = e^{-x}$, $g(x) = \exp[-(x-1)^2/2]$)

(2) 박스-뮬러 방법과 거절법에 의하여 표준정규분포를 각각 100개씩 생성하고 비교하시오.

2.21 전체 3,000명 중 1학년이 1,200명, 2학년이 1,000명, 3학년이 800명인 어느 고등학교 재학생들의 키에 대한 분포를 조사하였다. 1학년은 평균이 165cm이고 표준편차가 5cm이며, 2학년은 평균이 170cm이고 표준편차가 6cm이며, 3학년은 평균이 172cm이고 표준편차가 5cm이며, 모두 155cm부터 190cm에서만 정의되는 절단정규분포에 따른다고 판단된다. 확률변수값을 생성하여 전체 학생 키에 대한 히스토그램을 작성하시오.

2.22 베타－이항분포를 생성하는 알고리즘을 작성하고 모수 α, β를 변화시키며 베타－이항분포 확률변수값을 생성하여 모수의 변화에 따른 분포의 형태를 조사하시오.

3장

몬테카를로 적분

3.1 몬테카를로 방법이란 무엇인가?

정적분 계산에서 부정적분을 구하기가 어려워 해석학적 방법으로는 답을 구할 수 없는 경우가 많다. 이런 경우에 통계적 분포를 이용하여 정적분값을 추정하는 방법이 있다. 이 장에서는 정적분의 계산과 같이 확률변수가 포함되어 있지 않은 경우에도 확률적 실험문제로 전환시켜 근사적 해를 구하는 **몬테카를로 방법**(Monte Carlo method)에 대하여 소개하고자 한다.

몬테카를로 방법은 확률적 실험으로서 오래전부터 사용되어 왔다. 고셋(1908)은 t-분포에서의 상관계수를 추정하는 문제에 사용을 하였으며, 노이만, 율만, 페르미, 메트로폴리스와 같은 물리학자들에 의하여 1940년대 이후부터 몬테카를로 방법과 같은 수치적 실험에 관한 많은 연구가 이루어졌으며, 이제는 컴퓨터의 발달과 함께 많은 분야에서 활용범위가 증대되고 있는 매우 유용한 기법이다. '몬테카를로'라는 용어는 1940년대 초 von Neumann과 Ulam에 의하여 수행된 비밀 프로젝트와 관련된 암호명으로 모나코의 몬테카를로라는 도시에서 제의를 받았기 때문이라고 한다(Rubinstein, 1981). 몬테카를로 방법이란 무엇인가? Buffon이 1777년에 수행한 실험을 통하여 설명하기로 하자.

예 3.1.1

Buffon의 바늘 실험

[그림 3.1.1]과 같이 일정한 간격(d)으로 가로줄이 있는 마루판에 길이가 k, $(k< d)$인 바늘이 랜덤하게 떨어졌을 때 바늘이 가로줄에 걸릴 확률을 구하는 것이 실험목적이다.

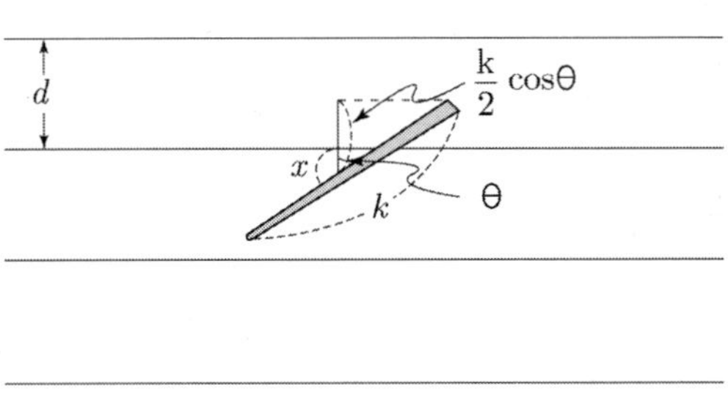

그림 3.1.1. Buffon의 바늘 실험

풀이

이 문제를 두 가지 방법으로 풀어 보자. 첫 번째 방법은 식을 만들고 풀어 해를 구하는 해석학적 방법이며, 두 번째 방법은 몬테카를로 방법이라 불리는 확률적 실험에 의한 것이다.

(1) 해석학적 방법

$$\lambda = P(X < \frac{k}{2}\cos\theta) = \int_0^{\pi/2}\int_0^{\frac{d}{2}} I(x < \frac{k}{2}cos\theta)\frac{1}{\pi/2}\frac{1}{d/2}dxd\theta$$

$$= \frac{4}{\pi d}\int_0^{\pi/2}\int_0^{\frac{k}{2}cos\theta} dx\, d\theta = \frac{2k}{\pi d}$$

(2) 몬테카를로 방법

Buffon은 λ값을 구하기 위하여 바늘을 던지는 실험을 반복하여 다음의 표본 비율로 추정하였다.

$$\hat{\lambda} = \frac{\text{던진 것 중 선에 걸쳐친 횟수}}{\text{총 던진 횟수}}$$

몬테카를로 방법은 비확률적인 문제를 확률적 실험의 방법으로 해결하는 것임을 알 수 있다. 1886년 Laplace는 위의 식을 이용하여 원주율 π 값을 $\hat{\pi} = \frac{2k}{\hat{\lambda}\, d}$로 추정하였다.

∎

예 3.1.2

몬테카를로 방법으로 원주율 π의 값을 구하시오.

풀이

한 변의 길이가 2인 정사각형에 내접하는 원을 생각해 보자. 정사각형의 넓이는 4이고 원의 넓이는 π 이다. 정사각형 내부에 거의 같은 간격으로 촘촘히 점을 찍은 후 다음을 계산한다.

$$\hat{\lambda} = \frac{\text{원안에 찍힌 점의 수}}{\text{점의 총수}}$$

그러면 원주율은 $\hat{\pi} = 4\hat{\lambda}$ 으로 추정된다. ∎

통계학에서 정보량함수나 확률밀도함수를 이용한 확률의 계산, 사후분포를 구하기 위한 주변확률분포의 계산 등 정적분을 해야만 하는 경우가 있다. 그러나 해석적인 방법으로는 정적분값을 구하기가 어려운 경우가 많이 발생한다. 정적분의 계산을 위하여 확률분포를 이용한 통계적 방법으로 근사치를 구하여 추정할 수 있다. 이를 **몬테카를로 적분**(Monte Carlo integration)이라고 하며 여러 가지 방법이 개발되어 있으며, 이 장에서는 세 가지 방법을 소개한다.

3.2 Hit or Miss 방법

Hit or Miss **방법**은 몬테카를로 적분 방법 중 가장 단순한 방법이다. 구하고자 하는 정적분을

$$I = \int_a^b g(x)\,dx$$

라고 하자. $g(x)$ 는 $a \leqq x \leqq b$ 에서 정의되고 구간 $(0, c)$ 안의 값을 가진다고 가정하면 [그림 3.2.1]와 같이 그릴 수 있으며, $y = g(x)$ 를 포함하는 직사각형 $\Omega = \{(x,y) |\ a \leqq x \leqq b,\ 0 \leqq y \leqq c\}$ 을 생각할 수 있다. 여기에서 S 부분의 면적을 추정하는 것이 목적이 된다.

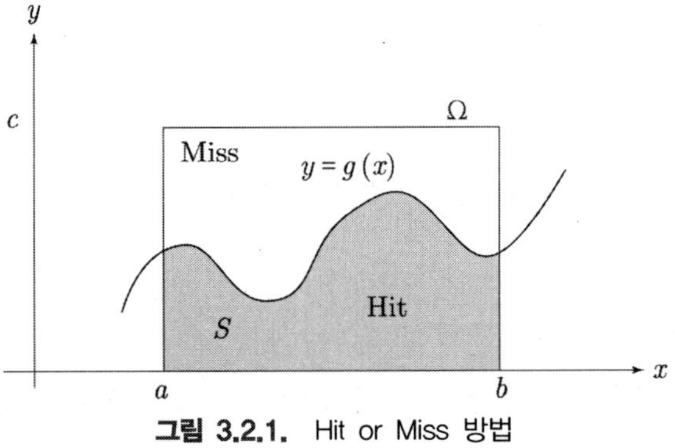

그림 3.2.1. Hit or Miss 방법

어떤 도형을 커다란 직사각형 안에 그려놓고 멀리서 동전을 던져 도형 안에 들어가면 성공(hit)으로, 들어가지 못하면 실패(miss)로 하는 놀이처럼 실험하여 정적분 값을 추정한다. 동전이 도형 안에 들어갈 확률은 $I/c(b-a)$이 되며, 동전을 던진 총횟수를 N, 성공횟수를 N_H 라고 하면 도형의 면적은 다음과 같이 근사적으로 추정할 수 있다.

$$\text{도형의 면적의 추정값} = \text{직사각형의 면적} \times \frac{N_H}{N}$$

동전을 던지는 것 대신에 좌표(x, y)를 생성하고, $g(x) \geq y$ 를 만족하면 성공한 것으로 생각하면 된다. 좌표값(x, y)들은 난수생성자에 의하여 생성하면 되므로, 도형의 면적은 다음의 알고리즘으로 추정할 수 있다.

Hit or Miss 알고리즘

[단계 1] 초기화 단계: $N_H = 0$, c 값을 지정

[단계 2] 반복 단계: $i = 1, 2, \cdots, N$

(1) 난수 u_i, v_i 를 생성한다.

(2) $x_i = a + u_i \cdot (b-a)$를 계산한다.

(3) $g(x_i) \geq c\,v_i$ 이면, N_H 에 1을 증가시킨다.

[단계 3] 종료 단계: $\widehat{I_H} = c(b-a)\dfrac{N_H}{N}$ 를 추정값으로 사용한다.

Hit or Miss 방법으로 얻어진 추정량은 확률표본에 의하여 산출되는 통계량이므로 분포를 가진다. Hit or Miss 추정량의 성질을 살펴보자. 위의 [단계 1]과 [단계 2]는 $X \sim U(a, b)$, $Y \sim U(0, c)$에서 추출된 N 개의 확률표본의 쌍 $(X_1, Y_1), \cdots, (X_N, Y_N)$ 을 구하여 계산한 것이며, 성공할 확률의 추정량은

$$\hat{p} = \frac{N_H}{N}$$

가 된다. 두 가지 결과만 나오는 실험의 N 회 독립반복시행에서 성공횟수의 분포는 이항분포이므로, $\widehat{I_H}$ 는 다음의 성질을 가진다.

(1) $N_H \sim b(N, p)$이므로 $\widehat{I_H}$ 는 I 의 불편추정량이다.

$$\widehat{I_H} = c(b-a)\frac{N_H}{N}, \quad E(\widehat{I_H}) = c(b-a)E(\hat{p}) = I$$

(2) $Var(\widehat{I_H}) = c^2(b-a)^2 Var(\hat{p}) = c^2(b-a)^2 \dfrac{p(1-p)}{N} = \dfrac{I}{N}[c(b-a) - I]$

(3) Hit or Miss 방법에서는 N이 크므로, 이항분포는 정규분포로 근사된다. I에 대한 $100(1-\alpha)\%$ 신뢰구간은 다음과 같다.

$$\widehat{I_H} \pm z_{\alpha/2}\sqrt{Var(\widehat{I_H})} = \widehat{I_H} \pm c(b-a)z_{\alpha/2}\sqrt{\frac{\hat{p}(1-\hat{p})}{N}}$$

(4) 주어진 α와 ϵ에 대하여 $P(|I-\widehat{I_H}|<\epsilon) \geqq \alpha$를 보장하고자 하는 경우에는 N을 $[c^2(b-a)^2p(1-p)]/[(1-\alpha)\epsilon^2]$보다 많게 하여야 한다. 왜냐하면 체비셰프 부등식에 의하여 다음이 성립하기 때문이다.

$$P(|I-\widehat{I_H}|<\epsilon) \geqq 1-\frac{Var(\widehat{I_H})}{\epsilon^2} \geqq \alpha \Rightarrow \alpha \leqq 1-\frac{c^2(b-a)^2p(1-p)}{N\epsilon^2}.$$

예 3.2.1

$\int_0^1 4\sqrt{1-x^2}\,dx$을 Hit or Miss 방법으로 구하시오.

풀이

주어진 정적분의 값은 반지름이 1인 원의 면적과 같으므로 원주율인 3.1415926⋯이 된다. Hit or Miss 방법으로 정적분을 추정해 보자. x의 구간이 $(0, 1)$이고, $g(x)$의 구간이 $(0, 4)$이므로 $(0,1)\times(0,4)$ 영역에서 1,000개의 난수쌍을 생성하여 추정값을 구한다. 한 번의 반복으로 추정하기도 하지만 추정치의 분포를 알아보기 위하여 (1,000개의 난수쌍에 의한) 추정과정을 100번 반복한 후 100개 추정치의 분포를 살펴보기로 한다.

[단계 1] 초기화 단계: 함수 정의

[단계 2] 반복 단계: 다음의 과정을 100번 반복한다.

[2.1] hit = 0

[2.2] 중첩 반복 단계: 1,000개의 난수쌍 (u_1, u_2)을 생성한다.

가. 독립변수의 구간이 (0, 1)이므로, $x = u_1$로 놓고,

나. 피적분함수의 최댓값이 4이므로, $y = 4 \cdot u_2$로 놓는다.

다. $g(x) = 4 \cdot \sqrt{1-x^2} \geqq y$이면, hit에 1을 더한다.

[2.3] 추정값을 계산하고 저장한다. $est = 4 \cdot hit / 1000$

[단계 3] 추정값의 분포를 알아보기 위하여 기초통계치와 히스토그램을 작성한다.

① R 프로그램

```
## MC integration: hit-or-miss method

Hit.MC <- function(g, a, b, g.min, g.max, N) {
  hit=0
  for (i in 1:N) {
     x = runif(1,a,b)
     y = runif(1,g.min, g.max)
     if(g(x) >= y) {
        hit=hit+1
     }
  }
  I.hit = (b-a)*g.min + (b-a)*(g.max-g.min)*hit/N
  return(I.hit)
}

set.seed(5102215)
g <- function(x) 4*sqrt(1-x^2)
est.Hit <- rep(0,100)

for(i in 1:100) {
   est.Hit[i] <- Hit.MC(g,0,1,0,4,1000)
}

mean(est.Hit); sd(est.Hit)
summary(est.Hit)

err <- matrix(0,100,2)
colnames(err) <- c("hit-or-miss", "error")
err[,1] <- est.Hit
err[,2] <- est.Hit - pi
err

hist(est.Hit, freq=TRUE, xlim=c(2.8,3.5), ylim=c(0,25))
```

② 기초통계치

```
 Min. 1st Qu.  Median    Mean 3rd Qu.    Max.      sd
3.000   3.112   3.144   3.140   3.180   3.240  0.0484
```

③ 추정치와 오차

```
      hit-or-miss      error
[1,]        3.116  -0.025592
[2,]        3.140  -0.001592
[3,]        3.116  -0.025592
[4,]        3.092  -0.049592
[5,]        3.136  -0.005592
[6,]        3.200   0.058407
[7,]        3.136  -0.005592
[8,]        3.100  -0.041592
 ...          ...        ...
```

④ 추정값들의 히스토그램

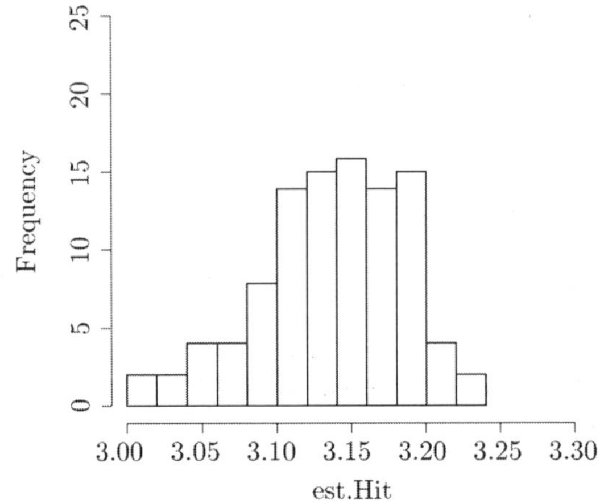

100번 반복된 추정값들의 평균은 3.140으로 이 값을 정적분의 추정치로 사용한다. 표준편차는 0.04838로 나타났다. ∎

3.3 표본평균법

모수 추정에 있어 불편추정량들 중에서 가장 작은 분산을 갖는 추정량이 선호되는 것은 당연하다. 이 절에서는 Hit or Miss 방법보다 분산이 작으며, 기댓값 개념을 이용하는 **표본평균법**(sample mean method)을 소개한다. 정적분을 다음과 같이 변화시켜 보자.

$$I = \int_a^b g(x)\ dx = \int_a^b \frac{g(x)}{f(x)} f(x)\ dx$$

여기에서 $f(x)$ 는 $[a, b]$ 에서 정의된 확률변수 X 의 확률밀도함수이다. 위 식은 다음과 같이 기댓값으로 나타낼 수 있다.

$$\int_a^b g(x)\, dx = E\left[\frac{g(X)}{f(X)}\right]$$

주어진 적분구간 $[a, b]$에서 정의된 확률분포를 선택하고, 선택된 분포의 확률밀도함수 $f(x)$로부터 N개의 표본 $(x_1, x_2, \cdots, x_N)$을 생성하여 $g(x_i)/f(x_i)$, $i = 1,2,\cdots,N$,을 계

산하고, 이들의 평균을 구하여 I의 추정값으로 사용한다. 즉,

$$\hat{I} = \frac{1}{N}\sum_{i=1}^{N} \frac{g(x_i)}{f(x_i)}$$

이 된다. 표본평균법은 위 식에서 $f(x)$를 균일분포 확률밀도함수로 사용하는 알고리즘이다. 표본평균법 알고리즘은 다음과 같다.

표본평균법 알고리즘

[단계 1] 반복 단계: $i = 1, 2, \cdots, N$

(1) 난수 u_i 를 생성한다.

(2) $x_i = a + u_i(b-a)$를 생성한다.

(3) $g(x_i)$ 를 계산한다.

[단계 2] 종료 단계: 다음의 값을 추정값으로 사용한다.

$$\hat{I}_{SM} = (b-a)\frac{1}{N}\sum_{i=1}^{N} g(x_i)$$

종료 단계의 추정식을 보면 '표본평균법'이란 이름은 추정량이 $g(x_i)$들의 표본평균인 형태에서 비롯된 것임을 알 수 있을 것이다. 표본평균법 추정량 $\widehat{I_{SM}}$ 의 성질을 살펴보자.

(1) $X \sim U(a,b)$ 이므로 $I = (b-a)E(g(X))$ 이다.

(2) $\widehat{I_{SM}} = (b-a)\frac{1}{N}\sum_{i=1}^{N} g(x_i)$, x_i 는 $U(a,b)$에서 생성된 표본이다.

(3) $\widehat{I_{SM}}$ 은 I의 불편추정량이다.

$$E(\widehat{I_{SM}}) = (b-a)\frac{1}{N}\sum_{i=1}^{N} E(g(X_i)) = (b-a)\frac{1}{N}\sum_{i=1}^{N}\int_a^b g(x)\,\frac{1}{b-a}dx = I\ .$$

(4) $\widehat{I_{SM}}$의 분산은 다음과 같다.

$$Var(\widehat{I_{SM}}) = \frac{(b-a)^2}{N^2}\sum_{i=1}^{N} Var(g(X_i)) = \frac{(b-a)^2}{N} Var(g(X_1))$$

$$= \frac{(b-a)^2}{N}\left\{\int_a^b g(x)^2 \frac{1}{b-a}\,dx - \frac{I^2}{(b-a)^2}\right\}$$

$$= \frac{1}{N}\left\{(b-a)\int_a^b g(x)^2\,dx - I^2\right\}$$

(5) Hit or Miss 추정량보다 표본평균법 추정량이 더 우수하다. 두 추정량은 모두 불편추정량이므로 분산을 비교하여 보면,

$$g(x) \leq c \text{ 이므로 } Var(\widehat{I_H}) - Var(\widehat{I_{SM}}) = \frac{1}{N}\left\{c\,I - \int_a^b g(x)^2\,dx\right\} \geq 0$$

이 되어, 표본평균법이 Hit or Miss 방법보다 작은 분산을 가지며, 좋은 추정량을 제공한다.

예 3.3.1

$\int_0^1 4\sqrt{1-x^2}\,dx$를 표본평균법으로 구하고 Hit or Miss 방법과 비교하시오.

풀이

[예 3.2.1]과 동일한 구조로 난수를 생성하고 정적분값을 추정하였다. 100개 추정치의 평균은 3.14159이며 정적분의 추정치로 사용한다. 표본평균법 추정치의 표준편차는 0.0274이며, Hit or Miss 방법의 표준편차 0.0489보다 44% 정도 작게 나타났다. 아래의 기초통계치를 보면 표본평균법 추정치의 분포가 Hit or Miss 추정치 분포보다 폭이 좁게 참값 주위로 몰려있음을 알 수 있다.

① R 프로그램

```
## MC integration: sample mean method

SM.MC <- function(g,a,b,N) {
  sum.g=0
  for(i in 1:N) {
     x = runif(1,a,b)
     sum.g = sum.g + g(x)
  }
  I.SM = (b-a)*sum.g/N
  return(I.SM)
}

set.seed(5102215)
g <- function(x) 4*sqrt(1-x^2)
est.SM <- rep(0,100)
```

```
for(i in 1:100) {
   est.SM[i] <- SM.MC(g,0,1,1000)
}
mean(est.SM); sd(est.SM)
summary(est.SM)
hist(est.SM, freq=TRUE, breaks=10, xlim=c(3.0,3.3), ylim=c(0,25))
```

② 추정치의 기초통계치

	Min.	1st Qu.	Median	Mean	3rd Qu.	Max.	sd
Hit-or-miss	3.016	3.116	3.142	3.144	3.180	3.252	0.0489
Sample mean	3.065	3.124	3.139	3.142	3.162	3.196	0.0274

③ 추정치들의 히스토그램

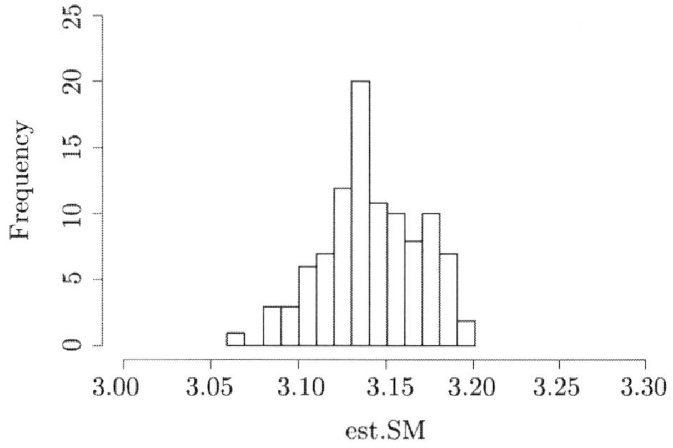

3.4 주표본기법

주표본기법(importance sampling)은 표본평균법을 일반화시킨 것이다. 주표본기법이란 확률적 실험을 위해서 사용하는 확률밀도함수를 정하는 것이 중요하다는 의미를 지닌 방법으로, 실험에 사용하는 확률밀도함수를 잘 선택하여 표본을 추출한 후 추정하는 방법이란 뜻이다. 구하고자 하는 적분을 다음과 같이 표현해 보자.

$$I = \int_a^b g(x)\ dx = \int_a^b \frac{g(x)}{f(x)} f(x)\ dx = E\left(\frac{g(X)}{f(X)}\right)$$

여기에서 $f(x)$는 구간 $[a, b]$에서 정의된 확률변수 X의 확률밀도함수이다. $Y = g(X)\,/\,f(X)$라고 놓으면, 평균과 분산은 다음과 같다.

$$E(Y) = E\left(\frac{g(X)}{f(X)}\right) = \int_a^b \frac{g(x)}{f(x)} f(x)\ dx = \int_a^b g(x)\,dx = I$$

$$Var(Y) = \int_a^b y^2 f(x)dx - I^2 = \int_a^b \frac{g(x)^2}{f(x)^2} f(x)\,dx - I^2 = \int_a^b \frac{g(x)^2}{f(x)} dx - I^2.$$

주표본 알고리즘은 다음과 같다.

주표본 알고리즘

[단계 1] 초기 작업 단계:

(1) 알맞은 확률밀도함수 $f(x)$를 선정한다.

(2) 선택된 확률분포에 따르는 $(x_1, x_2, \cdots, x_N)$을 생성한다.

[단계 2] 반복 단계: $i = 1, 2, \cdots, N$

$\frac{g(x_i)}{f(x_i)}$를 계산하고 누적을 한다.

[단계 3] 종료 단계: $\widehat{I_{IS}} = \frac{1}{N}\sum_{i=1}^{N} \frac{g(x_i)}{f(x_i)}$

추정량 $\widehat{I_{IS}}$ 는 다음의 성질을 가진다.

(1) $\widehat{I_{IS}}$ 는 I의 불편추정량이 된다. $E(\widehat{I_{IS}}) = E(Y_1) = I$

(2) $\widehat{I_{IS}}$ 의 분산은 다음과 같다.

$$Var(\widehat{I_{IS}}) = \frac{1}{N} Var(Y_1) = \frac{1}{N}\left[\int_a^b \frac{g(x)^2}{f(x)} dx - I^2\right]$$

여기에서 해결하여야 할 문제는 확률밀도함수 $f(x)$ 를 어떻게 선택하는가 하는 데 있다. $Var(\widehat{I_{IS}})$ 를 가능한 작아지도록 선택해야 하는 것이 합리적인 생각이다. 그런 확률밀도함수를 **중요함수**(importance function)라고 한다. $\widehat{I_{IS}}$ 의 분산이 최소가 되는 $f(x)$를 선택하는 것이 가장 좋다고 생각이 되지만 다음에서 보듯이 주표본기법에서는 현실적이지 못하다.

절대부등식인 Cauchy-Schwarz 부등식을 이용하면,

$$\left[\int_a^b |g(x)|\,dx\right]^2 = \left[\int_a^b \frac{|g(x)|}{\sqrt{f(x)}} \sqrt{f(x)}\ dx\right]^2$$

$$\leq \int_a^b \frac{g(x)^2}{f(x)}\,dx \int_a^b f(x)\,dx \;=\; \int_a^b \frac{g(x)^2}{f(x)}dx$$

이 성립하므로, 추정량이 가질 수 있는 분산의 최솟값은

$$Var(\widehat{I_{IS}}) \;=\; \frac{1}{N}\left[\left\{\int_a^b |g(x)|\,dx\right\}^2 - \; I^2\right]$$

이 되며, 이 값은 확률밀도함수가 다음과 같을 때만 성립함은 쉽게 알 수 있다.

$$f(x) = \frac{|g(x)|}{\int_a^b |g(x)|dx}$$

$g(x) > 0$인 경우에는 $f(x) = g(x)\,/\,I$가 되고, $Var(\widehat{I_{IS}}) \;=\; 0$이 되어 가장 우수한 추정량으로 보이지만 이는 현실적으로 무의미한 추정량이 된다. 왜냐하면 I의 추정 문제에서 I가 포함된 추정량을 사용한다는 것은 모순되기 때문이다. 그렇지만 식에서 보면 확률밀도함수는 $f(x) \propto \; |g(x)|$인 형태이므로 $|g(x)|$의 모양에 가까운 확률밀도함수를 선택하면 분산이 작아지리라 생각된다. 일반적으로 $|g(x)|$의 형태는 잘 알려진 확률밀도함수의 형태와는 다를 것이므로 적당한 확률밀도함수를 선택하는 문제는 여전히 어려운 것으로 남는다. 다음의 예들을 통하여 중요함수의 선택방법과 주표본기법의 특성을 살펴보도록 하자.

예 3.4.1

다음의 정적분을 구하기 위한 표본추출법과 주표본기법을 비교하시오.

$$\int_0^1 \sqrt{1 - x^2}\; dx$$

풀이

원점을 중심으로 하는 원의 사분의 일에 해당하는 면적이므로 정확한 답은 $\pi\,/\,4$이다. 먼저 이 문제를 표본평균법에 의하여 구해 보자. 표준균일분포로부터 하나의 난수 x_0를 생성하여 추정값을 구하였다면, 추정값은 $\widehat{I_{SM}} = \sqrt{1 - x_0^2}$가 된다. $\widehat{I_{SM}}$의 분산을 구하면 아래와 같다.

$$\int_0^1 (1 - x^2)\,dx - \left(\frac{\pi}{4}\right)^2 = \; 0.0498.$$

이번에는 주표본기법을 적용해 보자. $g(x) = \sqrt{1-x^2}$는 양의 함수이므로 이 함수와 같은 형태를 지닌 확률밀도함수를 찾아보자. $g(x) = \sqrt{1-x^2}$를 0을 중심으로 하는 테일러 급수전개를 해보면,

$$\begin{aligned} g(x) &= \sqrt{1-x^2} = g(0) + g'(0)x + \frac{1}{2}g''(0)x^2 + \cdots \\ &= 1 - \frac{1}{2}x^2 + \cdots \end{aligned}$$

가 되므로 이 형태와 비슷한 확률밀도함수를 다음과 같이 선택하는 것은 합리적이다.

$$f(x) = \frac{6}{5}\left(1 - \frac{x^2}{2}\right)$$

여기에서 $\frac{6}{5}$는 $\int_0^1 f(x)\,dx = 1$이 되도록 잡아준 상수이다. 이 확률밀도함수를 사용하여 정적분을 추정할 때의 분산은 0.011이 되어 표본평균법에 비하여 분산이 감소되었다. 일반적으로

$$f(x) = \frac{1-ax^2}{1-a/3}$$

으로 두면 하나의 생성값에 의한 추정량은

$$\widehat{I_{IS}} = \frac{g(X)}{f(X)} = (1-a/3)\frac{\sqrt{1-X^2}}{1-aX^2}$$

이고, 분산은

$$Var(\widehat{I_{IS}}) = (1-a/3)\left(\frac{1}{a} - \frac{(1-a)}{a\sqrt{a}}tanh^{-1}\sqrt{a}\right) - \left(\frac{\pi}{4}\right)^2$$

가 되어, $a = 0.74$일 때 분산의 최솟값이 0.0029가 된다. 표본평균법의 6%밖에 안되므로, 중요함수를 잘 선택하여 주표본기법을 사용하면 추정량의 효율이 매우 높아짐을 알 수 있다. ∎

예 3.4.2

다음의 정적분을 구하기 위한 표본추출법과 주표본기법을 비교하시오.

$$I = \int_0^1 \frac{1}{\sqrt{x}}\, dx$$

풀이

이 문제는 두 방법에 있어 극단적인 경우의 예이며, 정적분의 값은 2이고 해석학적 방법으로 쉽게 계산된다. 몬테카를로 적분으로 추정하여 보자. 여기에서는 하나의 확률변수 값으로 추정하는 경우를 생각해본다. 우선 표본평균법으로 구하면 추정량은

$$\widehat{I_{SM}} = \frac{1}{\sqrt{X}}$$

이 된다. 그러나 $\int_0^1 \frac{1}{x}\, dx = \infty$이 되어, 이 추정량의 분산은 무한값이 되고, 따라서 추정값을 전혀 신뢰할 수 없게 된다.

이번에는 주표본기법을 사용하여 추정해 보자. 피적분함수와 형태가 비슷한 확률밀도함수로

$$f(x) = \frac{1}{2}\, x^{-1/2}$$

를 선택한 경우, 추정량 $g(x)/f(x)$는 상수 2가 되며, 분산은 0이 된다. 이 경우는 중요함수의 계수 $\frac{1}{2}$가 피적분함수의 적분값(모수)의 역수에 해당하는 경우이므로 앞서 이야기한 모순에 해당하는 경우이다. 그러나 표본평균법과 주표본기법을 비교할 수 있는 좋은 예가 될 것이다. ∎

3.5 연습문제

3.1 다음의 정적분의 값을 Hit or Miss 방법, 표본평균법, 주표본기법을 사용하여 추정하시오.

(1) $\int_0^1 e^x\,dx$ (2) $\int_0^1 \cos x\,dx$ (3) $\int_0^2 x^2\,dx$

3.2 다음의 정적분을 추정하시오.

(1) $\int_0^\infty \frac{1}{(1+x)^2}\,dx$ (2) $\int_0^1 \sin(x)\,e^{-2x}\,dx$ (3) $\int_0^1 e^{-x^2}\,dx$

3.3 표준정규분포의 분포함수값을 계산하고자 한다.

$$\Phi(x) = \int_{-\infty}^{x} \frac{1}{\sqrt{2\pi}} e^{-t^2/2}\,dt$$

정확한 값을 구하기가 어려워 주표본기법으로 추정하기로 하였다. 중요함수로는 표분정규분포의 확률밀도함수 $\phi(t)$와 유사한 형태의 확률밀도함수를 갖는 분포를 선택해야 하므로 확률밀도함수가 다음으로 주어지는 **로지스틱 분포**(logistic distribution)를 사용하기로 하였다.

$$f(t) = \frac{\pi \exp[-\pi t / \sqrt{3}]}{\sqrt{3}\,(1+\exp[-\pi t / \sqrt{3}\,])^2}, \quad -\infty < t < \infty$$

(1) 범위가 $(-\infty, x)$이므로 위의 로지스틱 확률밀도함수를 그대로 사용할 수 없다. 즉, $\int_{-\infty}^{x} k \cdot f(t)\,dt = 1$이 되도록 k 값을 정해주어야 한다. k 값을 구하시오.

(2) $g(t) = k\,f(t)$라 놓고 역변환법을 사용하여 $g(t)$로부터 확률변수값 생성식을 구하시오.

(3) x 값을 변화시켜가며 주표본기법으로 표준정규분포 분포함수값을 구하고, 표준정규분포표의 값과 비교하시오.

4장

뉴턴 방법을 이용한 모수추정법

4.1 고정점 반복과 비선형방정식의 해법

비선형방정식 $f(x)=0$ 의 해를 구하는 문제를 생각해 보자. 일차 또는 이차방정식이거나 인수분해가 되는 다항식의 경우에는 방정식의 해를 구하기가 쉬우나, 비선형방정식과 같이 일반적인 경우에는 $f(x)=0$의 해를 해석학적으로 구하기가 매우 어려운 경우가 있다. 이런 경우에는 정확한 해보다는 근사치로서 해를 구하는 수치해석 방법이 있다. 즉, 식을 정리하고 풀어 해를 구하는 해석학적 방법이 아닌 계산 알고리즘을 이용한 반복적인 수치의 변환을 통하여 해를 찾아가는 수치해석적인 방법을 사용한다. 이 절에서는 비선형방정식의 해를 찾아가는 반복 알고리즘의 형태와 수렴조건을 살피기 위하여 **고정점 반복**(fixed-point iteration)의 의미와 성질을 알아본다.

반복 알고리즘으로 수치를 변화시켜가며 원하는 해를 찾아가기 위한 방법으로 다음의 **순환공식**(recursive formula)을 생각할 수 있다.

$$x_{n+1}=g(x_n)$$

순환공식으로 생성되는 수열 $\{x_1, x_2, \cdots, x_n, \cdots\}$의 극한값 ξ 가 비선형방정식 $f(x)=0$ 의 해가 되려면 반드시 다음의 조건을 만족해야 한다.

$$\xi = g(\xi) \text{이며 } f(\xi)=0\,.$$

순환공식을 이용한 비선형방정식의 해를 구하는 기본 알고리즘은 다음과 같다.

순환공식에 의한 기본 알고리즘

[단계 1] 초기화 단계:

순환 함수 $g(x)$, 초기치 x_0, 허용오차 ϵ 를 정해준다.

[단계 2] 반복 단계: $x_{n+1}=g(x_n),\quad n=0,1,2,\cdots$

[단계 3] 종료 단계:

반복 단계에서 $\dfrac{|x_{n+1}-x_n|}{|x_n|}<\epsilon$ 이면 반복을 중단하고

마지막 x_{n+1}을 해로 추정한다.

그러나 위의 알고리즘이 항상 올바른 해를 제공하는 것은 아니다. 생성되는 수열이 수렴되지 않는(극한값이 존재하지 않는) 경우가 발생하기도 하므로, 알고리즘을 사용하기 위하여 다음의 두 가지 조건을 만족하여야 한다.

[조건 1] 임의의 초깃값 x_0에 대하여 후속되는 수열 $x_1, x_2, \cdots$ 을 생성할 수 있어야 한다. 이를 위하여 알맞은 구간 I가 존재하여야 한다. 즉, I에 속하는 임의의 값 x에 대하여 $g(x) \in I$이어야 한다.

[조건 2] 생성되는 수열이 극한값 ξ을 가져야 한다. 이 경우 구간 I에서 $g(x)$가 연속이면 $\xi = \lim_{n\to\infty} x_{n+1} = \lim_{n\to\infty} g(x_n) = g(\xi)$가 되므로 $\xi = g(\xi)$를 만족하게 된다. 또한 $f(\xi) = 0$이어야 극한값이 해가 되므로 $g(x)$를 잘 선정하여야 한다.

수열값과 극한값와의 차를 $e_n = \xi - x_n$로 하면 '미분에서 평균치 공식'에 의하여 다음의 등식을 만족하는 ξ와 x_{n-1} 사이의 값 η_n이 존재한다.

$$e_n = \xi - x_n = g(\xi) - g(x_{n-1}) = g'(\eta_n)(\xi - x_{n-1}) = g'(\eta_n)\, e_{n-1}$$

이때 구간 I에서 $|g'(x)|$의 최댓값을 M이라 하면

$$|e_n| \leqq M \cdot |e_{n-1}| \leqq M^2 \cdot |e_{n-2}| \leqq \cdots \leqq M^n \cdot |e_0|$$

이 되어, $M < 1$이면 e_n은 n이 증가함에 따라 0으로 수렴하게 됨을 알 수 있다. 이 경우 구간 I에서 유일한 극한값을 가지게 된다.

즉, $|g'(x)| \leqq M < 1$ 이면 $n \to \infty$ 일 때 $x_n \to \xi$가 되어 [조건 2]를 만족하게 된다. [그림 4.1.1]에서 보면 (가)는 도함수의 절댓값 크기가 1보다 큰 경우이므로 수렴하지 못하고, (나)는 기울기의 절댓값 크기가 1 보다 작은 경우이므로 수렴하는 것으로 나타난다.

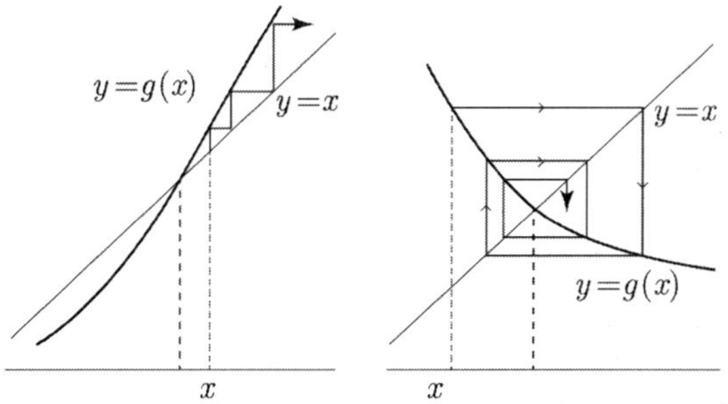

(가) (나)

그림 4.1.1. 비수렴과 수렴

예 4.1.1

$x > 0$ 의 범위에서 다음 방정식의 해를 구하시오.

$$f(x) = x^2 - x - 2 = 0$$

풀이

(1) $x = x^2 - 2$ 이므로 $g(x) = x^2 - 2$ 로 놓으면 $x = g(x)$ 를 만족한다. 그러나 $x > 0.5$ 인 범위에서는 $g'(x) > 1$ 이 되어 위의 [조건 2]를 만족하지 못한다. 그러므로 $g(x) = x^2 - 2$ 는 순환함수로 사용할 수 없다.

(2) $x^2 = x + 2$ 이므로 $g(x) = \sqrt{x+2}$ 로 놓으면, $x = g(x)$ 를 만족하고 $x > 0$ 에서 $g'(x) = \dfrac{1}{2\sqrt{x+2}} \le \dfrac{1}{\sqrt{8}}$ 이므로 위의 [조건 2]를 만족한다. 그러므로 $g(x) = \sqrt{x+2}$ 를 순환함수로 사용할 수 있다. 초깃값을 $x_0 = 0$ 으로 선택하고 알고리즘에 따라 작성된 R 프로그램을 수행하면 방정식의 해를 얻을 수 있다.

① R 프로그램

```
## root of nonlinear equation

tol=1e-6                              # tolerance
x.new <- 0                            # seed value

for(n in 1:1000) {
   x.old = x.new                      # x(n)
   x.new =  sqrt(x.old+2)             # x(n+1) = g(x(n))
   change.x = abs((x.new-x.old)/x.old)
   cat(n, round(x.new,5), change.x,"\n")
   if (change.x < tol) break
}
```

② 결과

```
 n     x.new    change.x

 1    1.41421   Inf
 2    1.84776   0.3065630000
 3    1.96157   0.0615943400
 4    1.99037   0.0146815500
 5    1.99759   0.0036282000
 6    1.99940   0.0009044519
 7    1.99985   0.0002259512
 8    1.99996   5.647770e-05
 9    1.99999   1.411879e-05
10    2.00000   3.529659e-06
11    2.00000   8.824122e-07
```

허용오차를 $\epsilon = 10^{-6}$ 로 할 때 반복은 11번째에서 중단하고 주어진 방정식의 해는 2로 결정한다. ∎

방정식의 해 ξ 와 x_n 의 차이가 충분히 작아지면 η_n 을 ξ 으로 놓을 수 있으므로 $e_{n+1} \fallingdotseq g'(\xi)\, e_n$ 이 된다. 따라서 $g'(\xi)$값이 작을수록 e_n 이 영으로 수렴하는 속도가 빠르게 될 것이다. 만일 $g'(\xi) = 0$ 이면 수렴속도가 가장 빠르다고 할 수 있을 것이다.

4.2 테일러 급수

실계수다항식은 미적분과 프로그래밍에서 다루기 쉬운 함수의 형태이다. 임의의 함수를 실계수다항식의 형태로 표시할 수 있는가 하는 문제를 다루기 위하여 이 절에서는 멱급수와 **테일러 급수**에 관하여 살펴보고자 한다.

다음 형태를 갖는 무한급수를 a 를 중심으로 한 **멱급수**(power series)라고 한다.

$$\sum_{n=0}^{\infty} c_n (x - a)^n$$

주어진 함수를 멱급수로 변환하는 것을 **멱급수전개**하였다고 한다.

무한급수의 수렴성은 함수와 관련이 되는 경우 특히 중요하다. '무한급수가 수렴한다는 것'과 '무한급수값이 존재한다는 것'은 같은 개념이기 때문이다. 그러므로 어느 함수가 무한급수의 형태로 표현이 가능하다면 그 무한급수의 수렴성이 보장되는 영역에서만 다루어져야 할 것이다. 수렴성에 대한 판정법에는 비율판정법을 비롯하여 여러 가지가 있으나, 여기에서는 논의하지 않겠으니 일반적인 해석학 교재를 참고하라.

일반적으로 임의의 멱급수 $\sum_{n=0}^{\infty} c_n (x - a)^n$ 는 다음 세 가지 중 하나를 만족한다.

(1) $x = a$ 에서만 수렴한다.

(2) 모든 값에 대하여 다 수렴한다.

(3) $|x - a| < R$ 되는 경우만 수렴한다. 여기에서 R 을 수렴반경이라고 하고, 이 구간을 **수렴구간**이라 한다.

멱급수의 한 형태인 **테일러 급수전개**(Taylor series expansion)는 비선형방정식의 해를 수치적으로 구하는 알고리즘과 모수를 추정하는 알고리즘의 수렴이론과 근거를 제공하는 매우 유용한 무한급수이다. 이를 기초로 하는 많은 알고리즘이 개발되어 있어 수치해석적 방법으로 많은 문제들이 해결되고 있다. 다음의 형태를 갖는 멱급수를 살펴보자.

$$f(x) = \sum_{n=0}^{\infty} a_n (x - a)^n$$

여기에서 다항식의 계수 a_n을 연속미분가능함수 $f(x)$와 a값과 관련시켜 구해보고자 한다. 주어진 $f(x)$는 다음과 같이 나타낼 수 있다.

$$f(x) = a_0 + a_1(x-a) + a_2(x-a)^2 + \cdots + a_n(x-a)^n + \cdots$$

이 함수를 연속적으로 미분하면 다음의 도함수들을 얻는다.

$$\begin{aligned}
f'(x) &= a_1 + 2a_2(x-a) + 3a_3(x-a)^2 + \cdots + na_n(x-a)^{n-1} + \cdots \\
f''(x) &= 2a_2 + 3 \cdot 2 \cdot a_3(x-a) + \cdots + n(n-1)a_n(x-a)^{n-2} + \cdots \\
f^{(3)}(x) &= 3 \cdot 2a_3 + 4 \cdot 3 \cdot 2a_4(x-a) + \cdots + n(n-1)(n-2)a_n(x-a)^{n-3} + \cdots \\
&\cdots \qquad\qquad \cdots \qquad\qquad \cdots \\
f^{(n)}(x) &= n!a_n + (n+1)n(n-1)\cdots 2a_{n+1}(x-a) + \cdots
\end{aligned}$$

위의 각 도함수들에 $x = a$를 대입하면 $(x-a)$를 포함하고 있는 항은 모두 0이 되므로, $f^{(n)}(a) = n!\,a_n$이 된다. 즉, $a_n = \dfrac{f^{(n)}(a)}{n!}$이 됨을 알 수 있다.

다음 형태의 무한급수를 함수 f의 a를 중심으로 한 **테일러 급수**라고 한다.

$$f(x) = \sum_{n=0}^{\infty} \frac{f^{(n)}(a)}{n!}(x - a)^n$$

주어진 함수에 대하여 테일러 급수를 구하는 것을 **테일러 급수전개**하였다고 한다.

예 4.2.1

다음 함수들에 대하여 a를 중심으로 한 테일러 급수전개를 하시오.

(1) $f(x) = e^x, \quad a = 0$ (2) $f(x) = \dfrac{1}{x}, \quad a = 1$

(3) $f(x) = \ln(1+x), \quad a = 0$ (4) $f(x) = \sin x, \quad a = 0$

풀이

(1) 모든 n에 대하여 $f^{(n)}(x) = e^x$ 이므로, $f^{(n)}(0) = 1$이 된다.

그러므로 주어진 함수의 테일러 급수는 다음과 같다.

$$e^x = \sum_0^{\infty} \frac{x^n}{n!} = 1 + x + \frac{x^2}{2!} + \frac{x^3}{3!} + \cdots$$

위 식의 우변을 좌변으로 나누어주면 $\sum_0^{\infty} \frac{e^{-x} x^n}{n!} = 1$ 이 된다.

(2) n차 도함수는 $f^{(n)}(x) = (-1)^n n!\, x^{-n-1}$이므로 주어진 함수의 테일러 급수는 다음과 같다.

$$\frac{1}{x} = \sum_{n=0}^{\infty} \frac{(-1)^n n!\,(x-1)^n}{n!} = \sum_{n=0}^{\infty} (-1)^n (x-1)^n$$

(3) 연속적으로 미분하면 n차 도함수는 다음과 같다.

$$f^{(n)}(x) = (-1)^{n-1}(n-1)!(1+x)^{-n}$$

그러므로 주어진 함수의 테일러 급수는 다음과 같다.

$$\ln(1+x) = \sum_{n=0}^{\infty} \frac{f^{(n)}(0)}{n!} x^n = \sum_{n=1}^{\infty} \frac{(-1)^{n-1} x^n}{n} = x - \frac{x^2}{2} + \frac{x^3}{3} - \cdots$$

(4) 연속적으로 미분하면

$$f'(x) = \cos x,\ f''(x) = -\sin x,$$

$$f^{(3)}(x) = -\cos x,\ f^{(4)}(x) = \sin x\ ,\ \cdots$$

가 반복된다. $x = 0$ 을 대입하면 (0, 1, 0, −1, 0, 1, 0, −1, 0, ⋯)과 같이 값들이 반복된다. 그러므로 주어진 함수의 테일러 급수는 다음과 같다.

$$\sin x = \sum_{n=0}^{\infty} \frac{(-1)^n x^{2n+1}}{(2n+1)!}$$ ∎

'연속미분가능 함수는 언제나 무한차수 다항식의 형태로 표현할 수 있다'는 것이 테일러 급수의 의미이다. 그러나 현실적으로는 무한차수까지 미분할 수는 없으므로 주어진 함수값의 근사치로서 유한차수까지의 테일러 급수전개를 사용하는 것이 현실적이다. 이런 경우 실제값과 근삿값 사이에 차이가 나타나며, 이 오차의 크기와 전개시키는 차수는 밀접한 관계를 가지게 된다. 다음의 '나머지가 있는 테일러 급수전개 정리'는 이러한 관계를 나타내는 유용한 정리이다.

나머지가 있는 테일러 급수전개 정리

n 차까지의 도함수가 연속함수이며, $(n+1)$차 도함수가 x와 a를 포함하는 연속구간에서 연속인 함수f 에 대하여, 다음의 등식을 만족하는 ξ가 x와 a 사이에 존재한다.

$$f(x) = f(a)+f'(a)(x-a)+\cdots+\frac{f^{(n)}(a)}{n!}(x-a)^n + R_n(a, x)$$

여기에서 $R_n(a, x) = \frac{f^{(n+1)}(\xi)}{(n+1)!}(x-a)^{n+1}$이다.

(증명)

유한차수까지 테일러 급수전개를 시킨 후에 나머지항을 추가시킨 형태인

$$f(x) = f(a)+f'(a)(x-a)+\cdots+\frac{f^{(n)}(a)}{n!}(x-a)^n + R_n(a, x)$$

를 생각하여 $R_n(a,x)$의 형태를 보이면 된다.

$x = a$ 인 경우는 등식이 당연히 성립되므로, $x \neq a$인 경우를 생각하면 되며, 편의상 $x > a$ 이라고 가정하자. $f(x)$ 값이 존재하고 n 차 다항식까지의 값이 존재하므로 차이가 되는 나머지항 $R_n(a, x)$ 가 존재한다. 따라서 다음의 함수를 정의할 수 있다.

$$Q = R_n(a,x)\cdot\frac{(n+1)!}{(x-a)^{n+1}} \quad \text{즉, } R_n(a,x) = \frac{Q\cdot(x-a)^{n+1}}{(n+1)!}$$

Q 로 표현된 나머지항을 추가시켜 차이를 나타낸 함수를 정의하고 도함수를 구해 보면 다음의 결과를 얻게 된다.

$$\phi(t) = f(x) - f(t) - \cdots - \frac{f^{(n)}(x-a)^n}{n!} - \frac{Q\cdot(x-t)^{n+1}}{(n+1)!}$$

$$\phi'(t) = -f'(t) + f'(t) - \cdots - \frac{f^{(n)}(t)(x-t)^{n-1}}{(n-1)!} + \frac{f^{(n)}(t)(x-t)^{n-1}}{(n-1)!}$$

$$- \frac{f^{(n+1)}(t)\,(x-t)^n}{n!} + \frac{Q\,(x-t)^n}{n!}$$

$$= \frac{(x-t)^n}{n!}\left[Q - f^{(n+1)}(t)\right].$$

위 식으로부터 $\phi(x) = 0 = \phi(a)$이 됨은 Q의 정의로부터 알 수 있다. 함수 $\phi(t)$는 구간$[a, x]$에서 연속이며, $\phi(x) = 0 = \phi(a)$ 이므로, '미분에서의 평균치정리'에 의하여 $\phi'(\xi) = 0$ 인 ξ가 x와 a 사이에 존재한다. 즉, $Q = f^{(n+1)}(\xi)$ 가 성립하므로, 나머지 항이 다음과 같이 표현되므로 정리가 증명된다.

$$R_n(a,x) = \frac{f^{(n+1)}(\xi)\cdot(x-a)^{n+1}}{(n+1)!} \qquad \blacksquare$$

$x = b,\ n = 0$인 경우에는 $f(b) = f(a) + f'(\xi)(b-a)$가 되어 '미분에서 평균치 공식'이 된다.

예 4.2.2

나머지가 있는 테일러 급수전개정리를 사용하여 $\sqrt[5]{1.1}$을 소수 넷째 자리까지의 정확도로 구하시오.

풀이

$f(x) = (1+x)^{1/5}$ 으로 놓고, $a = 0$, $x = 0.1$ 이라 하면, 테일러 급수전개는 다음의 과정을 따른다.

$$f(x) = (1+x)^{1/5} \quad \Rightarrow f(a) = 1.0000\ ,$$

$$f'(x) = \frac{1}{5}(1+x)^{-4/5} \quad \Rightarrow f'(a)\cdot x = \frac{1}{5}\cdot(0.1) = 0.0200$$

$$f''(x) = -\frac{4}{25}(1+x)^{-9/5} \quad \Rightarrow \frac{f''(a)\cdot x^2}{2!} = -0.0008$$

$$f^{(3)}(x) = -\frac{36}{125}(1+x)^{-14/5} \quad \Rightarrow \frac{f^{(3)}(a)\cdot x^3}{3!} = 0.000048$$

$0 < \xi < 0.1$이므로 $0 < (1+\xi)^{-14/5} < 1$이 되어 다음이 성립한다.

$$0 < R_2(0,0.1) = \frac{f^{(3)}(\xi)\cdot(0.1)^3}{3!} < \frac{6}{125}\cdot(0.1)^3 = 0.000048.$$

$$(1.1)^{1/5} = f(0) + f'(0)(0.1) + f''(0)\frac{(0.1)^2}{2!} + R_2 = 1.0192 + R_2$$

에서 보면, 주어진 문제의 답은 소수 넷째 자리까지 정확도로 1.0192가 된다. ∎

4.3 뉴턴 알고리즘

4.3.1. 뉴턴 알고리즘

미분가능한 함수에 대한 방정식 $f(x) = 0$ 의 해가 x^* 라면, 다음의 근사식이 만족된다. 이는 x_n 을 중심으로 한 테일러 급수전개를 일차까지만 한 결과이다.

$$\begin{aligned} 0 = f(x^*) &= f(x_n) + f'(x_n)(x^* - x_n) + \cdots \\ &\fallingdotseq f(x_n) + f'(x_n)(x^* - x_n) \end{aligned}$$

일차항의 계수가 $f'(x_n) \neq 0$ 인 경우 위 식을 x^* 에 대하여 다시 정리하면 다음의 근사식이 된다.

$$x^* \fallingdotseq x_n - \frac{f(x_n)}{f'(x_n)}$$

위 식의 우변을 $x_{n+1} = x_n - \dfrac{f(x_n)}{f'(x_n)}$ 이라고 두면, 이때의 순환식은

$$g(x) = x - \frac{f(x)}{f'(x)}$$

으로 표현된다. 순환공식으로 생성된 수열을 $\{x_0, x_1, \cdots, x_n, \cdots\}$ 이라 하자. 여기에서 x_0 은 반복을 시작하기 위한 초깃값이다. 이 수열이 극한치 ξ 를 갖는 경우에는

$$\lim_{n\to\infty} x_{n+1} = \lim_{n\to\infty}\left\{x_n - \frac{f(x_n)}{f'(x_n)}\right\} \text{ 이면 } \quad \xi = \xi - \frac{f(\xi)}{f'(\xi)}$$

가 되므로, $f(\xi) = 0$가 된다. 즉, 이 극한값이 방정식의 해가 되는 것이다. 순환함수 $g(x)$ 의 도함수를 구해 보면,

$$g'(x) = 1 - \frac{f'(x)f'(x) - f(x)f''(x)}{(f'(x))^2} = \frac{f(x)f''(x)}{(f'(x))^2}$$

이고, $f(\xi)=0$이므로 $g'(\xi)=0$이 되어 순환식은 빠르게 수렴된다.

함수 $f(x)$가 연속이며 미분가능할 때, $f(x)=0$의 해를 구하기 위하여 이를 이용한 알고리즘을 **뉴턴 알고리즘**(Newton algorithm)이라고 한다.

뉴턴 알고리즘

[단계 1] 초기화 단계: 초기치 x_0, 허용한계치 ϵ를 정해준다.

[단계 2] 반복 단계: $x_{n+1}=x_n-\dfrac{f(x_n)}{f'(x_n)}$, $n=0, 1, 2, 3, \cdots$

[단계 3] 종료 단계:

반복 단계에서 $\dfrac{|x_{n+1}-x_n|}{|x_n|}<\epsilon$ 이면 반복을 중단하고

마지막 x_{n+1}을 해로 추정한다.

뉴턴 알고리즘은 수렴속도가 빠른 장점은 있으나 두 가지 중요한 결점이 있어 주의를 해야 한다. (1) 초깃값이 방정식의 해의 근처에서 시작해야 수렴이 된다는 점이다. 그러나 실제로 해를 모르므로 초깃값을 정하는 데는 현실적으로 어려우며 함수의 형태를 잘 파악한 후 해가 존재할 범위를 좁혀 초깃값을 잡거나 다른 방법에 의한 해의 근사치를 초깃값으로 활용해야 한다. (2) 함수의 도함수가 필요하므로 미분이 어려운 경우에는 사용할 수 없다. 이때에는 도함수 대신 평균변화율을 대입한 다음의 식을 사용하기도 한다. 이를 **secant 방법**이라고 한다.

$$x_{n+1}=x_n-\frac{f(x_n)}{[f(x_n)-f(x_{n-1})]/(x_n-x_{n-1})}$$

예 4.3.1

뉴턴 알고리즘을 이용하여 방정식의 해를 구하시오.

$$x^3-7x^2-7x-8=0$$

풀이

주어진 방정식의 좌변의 함수를 $f(x)=x^3-7x^2-7x-8$이라 하면, 해는 $y=f(x)$

와 $y = 0$의 교점이 되는 x 값이다. $y = f(x)$의 도함수는 $f'(x) = 3x^2 - 14x - 7$이 되므로, 프로그램에 의하여 수행하여 해의 근사치를 구한다. 10을 초기치로 하여 수행된 프로그램과 결과는 다음과 같다.

① R 프로그램

```
## Newton algorithm

tol = 1e-6              # tolerance
x.new = 10              # seed value

for(n in 1:1000) {
   x.old = x.new
     fx = x.old^3-7*x.old^2-7*x.old-8       # f(x)
     dfx = 3*x.old^2-14*x.old-7             # df(x)/dx
   x.new = x.old - fx/dfx
   change.x = abs((x.new-x.old)/x.old)
   cat(n, x.new, change.x,"\n")
   if (change.x < tol) break
}
```

② 결과

```
n      x.new       change.x
1    8.549020    0.145098000
2    8.058929    0.057327060
3    8.000792    0.007213989
4    8.000000    9.902824e-05
5    8.000000    1.827514e-08
```

허용오차를 $\epsilon = 10^{-6}$ 로 할 때 반복은 5번째에서 중단하고 주어진 방정식의 해는 $x = 8$ 로 결정한다. ∎

4.3.2. 가우스-뉴턴 알고리즘

회귀분석에서 다루어지는 통계모형에 포함되는 모수의 **최소제곱추정량**(least square estimator, LSE)을 구하고자 할 때는 관측치와 (모형으로부터 얻어진) 추정치와의 거리를 최소로 하는 최소제곱원리에 따라 오차제곱합을 최소로 하는 값을 추정량으로 결정한다. 중회귀분석과 같은 **선형모형**(linear model)에서는 오차제곱합을 행렬로 쉽게 나타낼 수 있으므로 미분을 통해 최소제곱추정량을 쉽게 구할 수 있으나 **비선형모형**(nonlinear model)에서는 쉽지 않다. 이 절에서는 최소제곱추정량을 구하기 위하여 비선형모형에도 사용되는 일반적인 방법을 소개하고자 한다.

먼저 선형회귀모형을 생각해 보자. 하나의 종속변수 y 와 p 개의 설명변수들과의 관계를 알아내기 위하여 n 개의 자료가 조사되었다. $(y_t, x_{1t}, x_{2t}, \cdots, x_{pt})$, $t=1,2,\cdots,n$을 대입한 중회귀모형식은 다음과 같이 표현된다.

$$t=1,2,\cdots,n\text{에 대하여,}$$
$$y_t = \beta_0 + \beta_1 x_{1t} + \cdots + \beta_p x_{pt} + e_t$$

여기에서 e_t는 서로 독립이며 동일한 분포에 따르는 오차항이다. 이를 행렬방정식으로 $Y = X\beta + e$으로 나타낼 수 있으며 모수인 회귀계수벡터의 최소제곱추정량은 $\hat{\beta} = (X^TX)^{-1}X^TY$이 된다.

행렬방정식 형태로 표현할 수 없는 비선형 회귀모형 경우를 생각해 보자. 자료를 대입한 회귀모형식이 다음으로 주어져 있다.

$$y_t = f(x_t, \beta) + e_t,\ t=1,2,\cdots,n$$

β의 LSE인 $\hat{\beta}$을 구하기 위한 순환공식이 주어진다면 뉴턴 알고리즘처럼 LSE 추정 알고리즘이 쉽게 작성될 수 있을 것이다. 순환공식은 일차까지 테일러 급수전개를 이용하여 구한다.

$$\begin{aligned} y_t &= f(x_t, \hat{\beta}) + e_t \\ &= f(x_t, b_m) + \sum_{j=1}^{p}\left[\frac{\partial}{\partial\beta_j} f(x_t, \beta)\right]_{\beta=b_m}(\hat{\beta_j} - b_{jm}) + e_t^*,\ t=1,2,\cdots,n \end{aligned}$$

$$\rightarrow\ y_t - f(x_t, b_m) = \sum_{j=1}^{p}\left[\frac{\partial}{\partial\beta_j} f(x_t, \beta)\right]_{\beta=b_m}\theta_{jm} + \epsilon_t^*,\ t=1,2,\cdots,n$$

$$\rightarrow\ y - f_m = D_m\theta_m + \epsilon_m$$

여기에서 $x_t = (x_{1t}, x_{2t}, \cdots, x_{pt})^T$, $b_m = (b_{1m}, b_{2m}, \cdots, b_{pm})^T$, $\theta_m = \hat{\beta} - b_m$, D_m 은 (t, j) 성분이 $\frac{\partial}{\partial\beta_j} f(x_t, b_m)$인 $n \times p$ 행렬이다. 마지막 식은 선형모형이므로

$$\widehat{\theta_m} = (D_m{}'D_m)^{-1}D_m{}'(y - f_m)$$

로 구할 수 있다.

$\hat{\beta} = b_m + \theta_m$ 이므로 θ_m 대신 $\widehat{\theta_m}$ 를 사용한 $b_m + \widehat{\theta_m}$ 을 b_{m+1}로 놓으면 순환공식은 다음으로 설정된다.

$$b_{m+1} = b_m + \widehat{\theta_m} = b_m + (D_m^T D_m)^{-1} D_m^T (y - f_m)$$

비선형모형에서 최소제곱추정량을 구하기 위한 가우스−뉴턴 알고리즘(Gauss-Newton algorithm)은 다음과 같다.

가우스-뉴턴 알고리즘

[단계 1] 초기치 부여: b_0, $\epsilon = 10^{-6}$

[단계 2] 반복 단계: $m = 0, 1, 2, \cdots$,

$$b_{m+1} = b_m + \widehat{\theta_m} = b_m + (D_m^T D_m)^{-1} D_m^T (y - f_m)$$

[단계 3] 종료 단계:

$\dfrac{\| b_{m+1} - b_m \|}{\| b_m \|} < \epsilon$ 이면 반복을 중지하고 b_{m+1} 을 LSE로 사용한다.

예 4.3.2

아래의 비선형모형에 대한 가우스 - 뉴턴 알고리즘을 구성하는 순환공식을 구하시오.

$$y = e^{\alpha + \beta x} + \epsilon$$

풀이

$\dfrac{\partial}{\partial \alpha} e^{\alpha + \beta x} = e^{\alpha + \beta x}$, $\dfrac{\partial}{\partial \beta} e^{\alpha + \beta x} = x\, e^{\alpha + \beta x}$ 이므로 가우스−뉴턴 알고리즘 순환공식은 다음과 같다.

$$b_{m+1} = b_m + (D_m{}' D_m)^{-1} D_m{}' (y - f_m)\,,\ m = 0,\ 1,\ 2,\ \cdots$$

여기에서

$$D_m = \begin{pmatrix} exp(\alpha_m + \beta_m x_1) & x_1\, exp(\alpha_m + \beta_m x_1) \\ exp(\alpha_m + \beta_m x_2) & x_2\, exp(\alpha_m + \beta_m x_2) \\ \cdots & \cdots \\ exp(\alpha_m + \beta_m x_n) & x_n\, exp(\alpha_m + \beta_m x_n) \end{pmatrix},\ f_m = \begin{pmatrix} exp(\alpha_m + \beta_m x_1) \\ exp(\alpha_m + \beta_m x_2) \\ \cdots \\ exp(\alpha_m + \beta_m x_n) \end{pmatrix}$$

이다. ∎

4.3.3. 뉴턴-랩슨 알고리즘

모수 θ 는 모집단의 특성(분포, 관련성 등)을 결정시켜주는 값을 의미하기도 하며, 때로는 분석자가 알고자 하는 값을 일컫기도 한다. 동일한 모수 θ 에 대한 추정문제에서 다양한 추정원리에 따라 다양한 추정량이 존재한다. 그중 가장 중요한 추정량이 **최대가능도추정량**(maximum likelihood estimator, MLE)이다. MLE는 점근적 정규성(asymptotic normality)과 함수불변성(functional invariance)을 비롯한 유용한 성질을 많이 가지고 있는 좋은 추정량이다. 다음 예를 통하여 MLE의 의미를 살펴보도록 하자.

예 4.3.3

어느 고등학교 학생들에게 학년별로 가장 좋아하는 과목을 조사하였다. 학년으로 구성된 모수공간이 $\Theta = \{1, 2, 3\}$ 이며, 과목으로 구성된 표본공간은 $S = \{국어, 영어, 수학\}$ 이며, 학년별 분포는 아래 표와 같다.

$f(x \mid \theta)$	국어	영어	수학
1학년	0.2	0.0	0.8
2학년	0.0	1.0	0.0
3학년	0.0	0.2	0.8

임의로 한 학생을 선택하여 가장 좋아하는 과목을 물어본 후 몇 학년인지를 추정하고자 한다. '국어'라고 답했다면, 반드시 1학년 학생이다. 왜냐하면 2학년과 3학년은 국어를 선택한 학생이 없기 때문이다. 즉, 2학년 또는 3학년일 가능성이 0이다. '영어'라고 답했다면 1학년일 가능성은 0이며, 2학년 또는 3학년일 것이다. 2학년이 1.0이고 3학년은 0.2이므로 2학년이라고 추정하는 것이 합리적으로 보인다. '수학'으로 답한 경우, 2학년일 가능성은 0이며 1학년과 3학년이 모두 0.8이므로 학년을 정할 수가 없이 '1학년 또는 3학년이다'라고 할 수밖에 없다. 이것이 최대가능도 추정원리이다.

표의 수치들을 행으로 보면 학년별 분포(합이 1)를 뜻한다. 세 개의 확률분포가 보인다. 예제는 대답한 과목에 따라 학년을 추정하는 문제이므로 열로 보는 것이며 분포가 아니다. 동일한 값이지만 행으로 볼 때는 확률밀도(probability density), 열로 볼 때는 가능도(likelihood)로 표현한다. ∎

모수가 θ 이며, 표본값이 x 일 때 동일한 값이지만 행으로 볼 때는 확률밀도함수는

$f(x \mid \theta)$로, 가능도함수는 $L(\theta \mid x)$로 표현한다. 최대가능도 원리는 표본 x가 주어진 경우 가장 큰 가능도함수값을 제공하는 θ를 MLE로 한다. 따라서 가능도함수 $L(\theta \mid x)$를 최대로 하는 θ값을 찾으면 된다.

일반적으로 로그－가능도함수 $l(\theta \mid x) = log\,L(\theta \mid x)$를 최대로 하는 θ값으로 추정한다. 즉, $l'(\theta \mid x) = 0$의 해를 구하는 문제가 되어 비선형방정식의 해를 구하는 문제가 되므로 뉴턴 알고리즘 적용이 가능해진다. 이 알고리즘을 **뉴턴-랩슨 알고리즘**(Newton-Raphson algorithm)이라고 한다. 뉴턴－랩슨 알고리즘에서도 가우스－뉴턴 알고리즘처럼 순환공식만 결정하면 된다.

$\hat{\theta}$를 $l'(\theta) = 0$의 해라고 하고, 초기치 $\widehat{\theta_0}$를 중심으로 2차까지의 테일러 급수전개를 한 후 $\hat{\theta}$를 대입하면 다음 식을 얻을 수 있다.

$$\begin{aligned} 0 &= \frac{d}{d\theta} l(\theta) \Big]_{\theta = \hat{\theta}} \equiv \frac{d}{d\theta} l(\hat{\theta}) \\ &= \frac{d}{d\theta} \left\{ l(\widehat{\theta_0}) + (\hat{\theta} - \widehat{\theta_0}) \frac{d}{d\theta} l(\widehat{\theta_0}) + (\hat{\theta} - \widehat{\theta_0})^2 \frac{d^2}{2\,d\theta^2} l(\widehat{\theta_0}) + \cdots \right\} \\ &\fallingdotseq \frac{d}{d\theta} l(\widehat{\theta_0}) + \frac{d^2 l(\widehat{\theta_0})}{d\theta^2} (\hat{\theta} - \widehat{\theta_0}) \end{aligned}$$

위 식을 $\hat{\theta}$에 대하여 정리하면,

$$\hat{\theta} \fallingdotseq \widehat{\theta_0} + \left(- \frac{d^2 l(\widehat{\theta_0})}{d\theta^2} \right)^{-1} \frac{d\,l(\widehat{\theta_0})}{d\theta}$$

이 되고 우변을 $\widehat{\theta_1}$이라고 두면 $\widehat{\theta_1} = g(\widehat{\theta_0})$의 순환공식이 만들어지므로 $l'(\theta) = 0$의 해를 구하는 문제가 되어 뉴턴 알고리즘을 사용할 수 있다.

뉴턴-랩슨 알고리즘

[단계 1] 초기화 단계: 초깃값 $\widehat{\theta_0}$와 허용오차값 ϵ을 정한다.

[단계 2] 반복 단계: $\widehat{\theta_{k+1}} = \widehat{\theta_k} + \left(- \frac{d^2 l(\widehat{\theta_k})}{d\theta^2} \right)^{-1} \frac{d\,l(\widehat{\theta_k})}{d\theta}$, $k = 1, 2, 3, \cdots$

[단계 3] 종료 단계: $\left| \frac{\widehat{\theta}_{k+1} - \widehat{\theta_k}}{\widehat{\theta_k}} \right| < \epsilon$이면 반복을 중단한다.

예 4.3.4

다음의 자료는 지수분포에 따르는 것으로 알려져 있다. 뉴턴－랩슨 알고리즘을 사용하여 지수분포의 모수(평균의 역수)에 대한 최대가능도추정량을 구하시오.

0.18740	0.07779	1.07893	0.03122	0.06175
0.46898	0.44239	0.04364	0.94141	0.21975

풀이

지수분포의 확률밀도함수와 로그－가능도함수는 다음과 같다.

$$f(x \mid \lambda) = \lambda e^{-\lambda x}, \quad l(\lambda \mid x_1, \cdots, x_n) = n \log \lambda - \lambda \sum_{i=1}^{n} x_i$$

로그－가능도함수의 일차도함수는 $\frac{\partial l}{\partial \lambda} = \frac{n}{\lambda} - \sum_{i=1}^{n} x_i$이므로 $\frac{\partial l}{\partial \lambda} = 0$ 에 의한 λ의 MLE는 $\hat{\lambda} = n / \sum_{i=1}^{n} x_i$ 이 된다. 즉, 평균의 역수가 된다. 자료평균이 $\overline{x} = 0.35533$ 이므로 $\hat{\lambda} = \frac{1}{0.35533} = 2.814285312$ 가 된다. 이차도함수는 $\frac{\partial^2}{\partial \lambda^2} l(\lambda \mid x_1, \cdots, x_n) = -\frac{n}{\lambda^2}$가 되므로 뉴턴－랩슨 알고리즘의 순환식은

$$\lambda_{k+1} = \lambda_k + \left(\frac{\lambda_k^2}{n}\right)\left(\frac{n}{\lambda_k} - \sum_{i=1}^{n} x_n\right) = 2\lambda_k - \lambda_k^2 \cdot \overline{x}$$

으로 결정된다. 초기치를 $\lambda_0 = 1.0$으로 하고, 순환식에 의하여 추정값을 반복계산하면

$$\lambda_1 = 1.64467, \ \lambda_2 = 2.32819, \ \lambda_3 = 2.730326, \ \lambda_4 = 2.81178,$$
$$\lambda_5 = 2.814283082, \quad \cdots$$

가 되어, 허용오차가 0.0000002로 주어진 경우, 5번 반복에서 이론적 MLE에 수렴하는 것을 알 수 있다. ■

4.4 연습문제

4.1 다음 함수에 대한 테일러 급수를 구하시오.

(1) $f(x) = e^{-x^2}, \quad a = 0$ (2) $f(x) = xe^x, \quad a = 0$

(3) $f(x) = \dfrac{1}{1+x^2}, \quad a = 0$ (4) $f(x) = \sqrt{x}, \quad a = 2$

4.2 함수 $f(x)$가 적당한 수렴구간에서 $f(x) = \sum_{n=0}^{\infty} a_n (x-a)^n$으로 표현된다고 하자.

$$F(x) = \int_a^x f(t)\, dt$$

라고 정의하였을 때,

(1) $F(x) = \sum_{n=0}^{\infty} a_n \dfrac{(x-a)^{n+1}}{n+1}$ 임을 보이시오.

(2) $\int_0^{0.5} e^{x^2} dx$ 의 값을 소수 넷째 자리까지의 정확도로 구하시오.

4.3 다음의 비선형방정식의 해를 구하시오.

(1) $e^x - 4\cos x = 0$ (2) $x = \tan x$

4.4 다음의 분포에 대한 모수의 최소제곱추정량을 구하기 위한 뉴턴-랩슨 알고리즘을 구하시오.

(1) 정규분포$N(\mu, \sigma^2)$ (2) 이항분포$b(n, p)$ (3) 포아송 분포$P(\lambda)$

4.5 시계열모형에서 $Z_t = a_t - \theta a_{t-1}$ 형태로 주어지는 모형을 1차 이동평균모형(moving-average model, MA(1))이라고 한다. 여기에서 a_t는 백색잡음과정(white noise process)이다. 모형 식별과정을 통하여 자료를 살펴본 결과 MA(1) 모형을 적합하기로 하였다. 자료가 $\{z_1, z_2, \cdots, z_n\}$인 경우에 모수 θ의 최소제곱추정값을 구하는 가우스-뉴턴 알고리즘을 기술하시오.

5장

붓스트랩 알고리즘

5.1 경험분포함수

통계적 추정문제에서 모집단의 분포에 대한 정보가 전혀 없고 단지 표본 $\{ x_1, x_2, \cdots , x_n \}$ 만이 주어져 있을 때, 이 자료를 가지고 모집단의 확률분포를 알아보고자 하는 경우가 있다. 분포함수 F에 대한 추정량으로 사용되는 **경험분포함수**는 다음으로 정의한다.

$$\widehat{F}_n(x) = \frac{1}{n}\sum_{i=1}^{n} I(x_i \leq x) \quad \text{여기에서 } I(x_i \leq x) = \begin{cases} 1, & x_i \leq x \\ 0, & x_i > x \end{cases} \text{ 이다.}$$

경험분포함수의 정의를 이용하여 확률밀도함수와 사상 A 의 확률에 대한 추정값도 다음과 같이 구할 수 있다.

예 5.1.1

분포함수의 추정

주사위를 50번 던져 다음의 표본을 얻었다. 확률분포를 추정하고, 짝수가 나올 확률을 추정하시오.

1	2	3	2	6	6	5	1	1	1
4	2	4	1	4	5	6	6	3	2
5	6	4	1	2	3	2	2	5	3
5	6	1	4	4	4	3	5	5	1
6	1	3	3	2	5	2	2	1	4

풀이

각 표본에 주어지는 확률은 동일하게 0.02 씩이고, 주사위 눈의 값별로 도수를 세어보면 (10, 10, 7, 8, 8, 7)이다. 그러므로 분포의 추정값은 (0.2, 0.2, 0.14, 0.16, 0.16, 0.14)이며, 짝수가 나올 확률의 추정값은 0.5($=0.2+0.14+0.16$)가 된다. 위의 표본은 실제로 주사위를 50번 던져 얻어진 값들인데 짝수가 될 확률이 공정한 주사위와 같이 0.5가 되었다. ∎

임의의 실수 x 에 대하여, 분포함수의 추정량으로서의 경험분포함수는 다음의 성질을 가진다.

(1) $n\widehat{F}_n(x) \sim b(n, F(x))$

(2) $E(n\widehat{F}_n(x)) = nF(x)$. 즉, $\widehat{F}_n(x)$는 $F(x)$ 의 불편추정량이 된다.

(3) $Var(\widehat{F}_n) = \dfrac{1}{n}F(x)(1 - F(x))$

5.2 붓스트랩 알고리즘

분포 F에 대한 정보가 전혀 없더라도 모평균은 표본평균으로 점추정할 수 있으며, 대표본인 경우에는 중심극한정리를 사용하여 모평균에 대한 구간추정도 가능하지만, 소표본 경우나 다른 모수에 대하여 구간추정이 어렵다. 추정량 $\hat{\theta}$ 로 모수 θ 를 추정하는 경우 정밀도(precision)의 제시는 중요하기 때문에 구간추정이 요구된다. 분포 F 또는 $\hat{\theta}$ 의 분포를 모르는 상황에서 어떻게 하면 구간추정을 할 수 있을까? 붓스트랩이 해답을 줄 수 있다.

붓스트랩(bootstrap)은 통계적 추론을 위한 방법으로 분포에 대한 정보 없이 자료만을 사용하여 **재표본추출**(resampling)을 통해 통계적 모의실험으로 수행된다. 붓스트랩 추정량은 추정량 자체가 하나의 통계량으로 표현되는 것이 아니라 알고리즘의 형태로 표현된다. 붓스트랩이란 용어는 '손잡이 가죽끈'이란 사전적 의미를 가지고, 'pull oneself up by one's own bootstrap'이란 말과 같이 오직 자신의 힘으로 자신을 끌어당겨 올린다는 뜻을 지니고 있다. 즉, 주어진 자료만으로 분포에 대한 특성을 찾아내는 방법이란 뜻이다. 붓스트랩 방법은 분포를 모르는 경우에 많은 분야에서 활용되고 있다. [표 5.1]에 기존의 방법과 어떻게 다른지 비교하였다.

표 5.1.1 기존의 경우와 붓스트랩 방법의 비교

구분	기존의 경우	붓스트랩 방법
사용분포	모수가 있는 확률분포 F	경험분포함수 $\widehat{F}_n$
자료	관측된 표본	붓스트랩 표본
실험반복	반복이 없음	반복수를 임의로 할 수 있다
추정량	$\hat{\theta} = T(x)$	$\hat{\theta}^* = T(x^*)$
추정방법	점추정	점추정, 구간추정

주어진 표본 $x = (x_1, x_2, \cdots, x_n)$으로 모수 θ 를 추정하고자 한다. 이를 위한 붓스트랩 알고리즘에 대하여 예를 통하여 추정 과정을 살펴보도록 하자.

예 5.2.1

모평균에 대한 구간추정

[단계 1] 표본 $x = (x_1, x_2, \cdots, x_n)$으로 경험분포함수를 만든다.

(1.1) 표본의 순서통계치 $x_{(1)} \leqq x_{(2)} \leqq \cdots \leqq x_{(n)}$를 구한다.

(1.2) 각 순서통계치에 해당되는 경험분포함수값을 다음과 같이 대응시킨다. 동일한 값을 갖는 경우에 확률을 합한다.

$$\frac{1}{n}, \frac{2}{n}, \cdots, \frac{n-1}{n}, 1$$

[단계 2] 재표본추출 및 추정과정을 B 번 반복한다.

(2.1) 0과 1 사이의 난수 u 를 n 개 생성한 후, [단계 1]의 경험분포함수와 비교하여 새로운 표본을 생성한다. (이를 **붓스트랩 표본**이라고 한다.)

$$x^{*k} = (x_1^{*k}, x_2^{*k}, \cdots, x_n^{*k}),\ k = 1,2,3\cdots,B.$$

예를 들어, $\frac{t-1}{n} < u \leqq \frac{t}{n}$ 이면 $x_{(t)}$를 재추출한다.

(2.2) 재생성된 붓스트랩 표본으로 추정값 $\bar{x}^*(k)$ 를 계산한다.

[단계 3] 붓스트랩 추정치 분포를 이용한 구간추정:

반복 단계에서 구해진 B 개의 붓스트랩 추정값들을 올림차순으로 정렬한다. 모평균에 대한 95% 신뢰구간은 제 2.5 백분위수와 제 97.5 백분위수를 구하여 각각 신뢰하한과 신뢰상한으로 한다.

예 5.2.2

표준편차에 대한 구간추정

[예 5.1.1]의 자료를 사용하여 표준편차에 대하여 97% 신뢰구간을 구하시오. 붓스트랩 반복횟수는 100번으로 하시오.

풀이

[단계 1] 변수 정의

[단계 2] 반복 단계: 아래 과정을 200번 반복 ($k = 1, \cdots, 200$)

[2.1] 복원추출로 50개 재표본(붓스트랩표본)을 생성한다.

[2.2] 추정과정: 50개 표본의 표본표준편차 $s^*(k)$ 를 구한다.

[단계 3] 구간추정 단계

200개의 붓스트랩 추정치 $s^*(k)$, $k=1,\cdots,100$,를 크기 순서로 나열한 후 제 2.5 백분위수와 제 97.5 백분위수를 구하여 각각 신뢰하한과 신뢰상한으로 사용한다.

① R 프로그램

```
## bootstrap algorithm

dice <- c(1,2,3,2,6,6,5,1,1,1,4,2,4,1,4,5,6,6,3,2,5,6,4,1,2,3,2,2,5,
          3,5,6,1,4,4,4,3,5,5,1,6,1,3,3,2,5,2,2,1,4)
sd(dice)
boot.sample <- matrix(0,200,50)
std <- rep(0,200)
set.free(12345)

for(n in 1:200) {
  boot.sample[n,] <- sample(dice, replace=T, 50)
  std[n] <- sd(boot.sample[n,])
}

summary(std)
hist(std, main=NULL, xlim=c(1.2,2.2), ylim=c(0,50), xlab="bootst.sd")
quantile(std, probs=c(0.025, 0.975))
```

② 붓스트랩 추정치에 대한 기초통계치

```
 Min. 1st Qu.  Median    Mean 3rd Qu.    Max.
1.438   1.667   1.729   1.723   1.792   1.988
```

③ 붓스트랩 추정치 분포

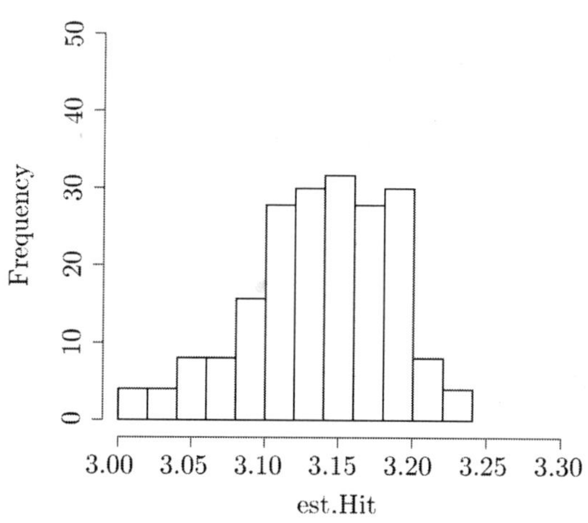

④ 표준편차에 대한 95% 신뢰구간: (1.499, 1.930) ∎

예 5.2.3

회귀계수에 대한 추정

아래에 주어진 자료쌍 (x_i, y_i), $i = 1, 2, \cdots, 20$,에 대하여

$$y_i = \beta_0 + \beta_1 x_i + \epsilon_i, \quad i = 1, 2, \cdots, 20$$

의 관계식으로 단순회귀분석을 할 때, 회귀계수에 대한 95% 신뢰구간을 구하여 구간추정을 하시오.

(6, 9), (7, 15), (8, 8), (10, 10), (3, 9), (12, 17), (16, 18), (20, 20),
(20, 13), (10, 11), (8, 10), (2, 9), (16, 16), (6, 8), (14, 15), (10, 20),
(25, 23), (20, 23), (15, 11), (10, 12)

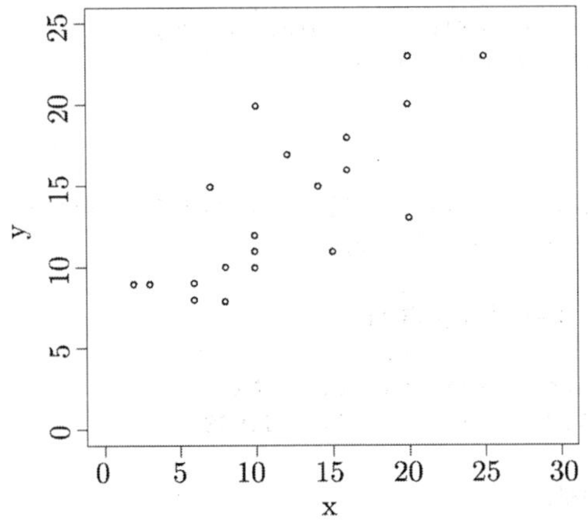

풀이

오차항의 분포에 대한 정보가 없으므로 분포를 가정한 구간추정을 할 수가 없다. 따라서 붓스트랩 알고리즘을 사용하여 추정하기로 한다. 붓스트랩 알고리즘에 따른 처리 행로는 다음과 같다.

[단계 1] 잔차의 경험분포함수를 구한다.

(1.1) 자료를 사용하여 $y_i = \beta_0 + \beta_1 x_i + \epsilon_i$, $i = 1, 2, \cdots, n$, 에서 최소제곱법으로 추정식을 구한 후 잔차를 구한다.

$$e_i = y_i - \hat{y}_i = y_i - \hat{\beta}_0 - \hat{\beta}_1 x_i, \quad i = 1, 2, \cdots, n$$

(1.2) e_i, $i = 1, \cdots, n$,들로 이루어진 경험분포함수 $\hat{F}_n$을 구한다.

[단계 2] 재표본추출 및 추정과정을 B번 반복한다.

(2.1) 잔차의 경험분포함수 $\widehat{F}_n$ 에서 잔차를 재생성한다.

$$\widehat{F}_n \quad \rightarrow \quad e_1^{*k}, e_2^{*k}, \cdots , e_n^{*k}$$

(2.2) 재생성된 잔차를 이용하여 반응변수값을 재생성한다.

$$y_i^{*k} = \widehat{\beta}_0 + \widehat{\beta}_1 x_i + e_i^{*k}, \quad i = 1, 2, \cdots , n,$$

(2.3) (x_i, y_i^{*k}), $i = 1, 2, \cdots , n$,를 사용하여 단순회귀분석을 하여 회귀계수의 추정값 $(\widehat{\beta}_0*(k),\ \widehat{\beta}_1*(k))$, $k=1,\cdots,B$,를 구한다.

[단계 3] 95% 신뢰구간:

$(\widehat{\beta}_0*(k),\ \widehat{\beta}_1*(k))$, $k=1,\cdots,B$,를 각각 크기 순서로 나열한 후 제 2.5 백분위수와 제 97.5 백분위수를 구하여 각각의 신뢰하한과 신뢰상한으로 사용한다.

① R 프로그램

```
## interval estimation for regression coefficients
## using bootstrapping

# regression
boot <- read.table("C:/Users/stat/Desktop/boot.txt", header=T)
attach(boot)
b.reg <- lm(y ~ x)
b.reg
summary(b.reg)
beta <- b.reg$coef
resid <- b.reg$resid

# bootstrapping
boot.beta <- matrix(0,200,2)
set.seed(12345)
for(n in 1:200) {
  err.new = sample(resid, replace=T, 20)
  y.new = beta[1] + beta[2]*x + err.new
  boot.reg <- lm(y.new ~ x)
  boot.beta[n,] <- boot.reg$coef
}

summary(boot.beta)

# plot
x11()
par(mfrow=c(1,2))
hist(boot.beta[,1], main=NULL, xlim=c(0,15), ylim=c(0,60), xlab="bootst.int")
hist(boot.beta[,2], main=NULL, xlim=c(0,1), ylim=c(0,60), xlab="bootst.slope")
```

```
# 95% confidential interval
apply(boot.beta,2,quantile,probs=c(0.025, 0.975))

detach(boot)
```

② 회귀분석 결과

```
Coefficients:
            Estimate Std. Error t value Pr(>|t|)
(Intercept)   6.5698     1.6144   4.069 0.000719
x             0.6118     0.1209   5.059 8.18e-05

Residual standard error: 3.272 on 18 degrees of freedom
Multiple R-squared: 0.5871,  Adjusted R-squared: 0.5641
F-statistic: 25.59 on 1 and 18 DF,  p-value: 8.179e-05
```

③ 붓스트랩 추정치에 대한 기초통계치

```
      int              slope
 Min.   : 3.061   Min.   :0.3186
 1st Qu.: 5.571   1st Qu.:0.5301
 Median : 6.625   Median :0.6072
 Mean   : 6.683   Mean   :0.6071
 3rd Qu.: 7.712   3rd Qu.:0.6832
 Max.   :11.133   Max.   :0.8568
```

④ 붓스트랩 추정치 분포

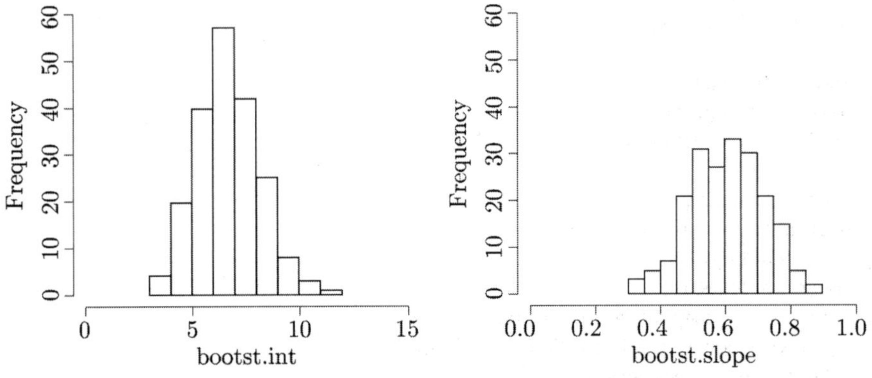

⑤ 구간추정

```
> apply(boot.beta,2,quantile,probs=c(0.025, 0.975))
         [,1]     [,2]
2.5%  4.13246 0.373715
97.5% 9.32616 0.809319
```

β_0 에 대한 95% 신뢰구간은 (4.132, 9.327)이며, β_1 에 대한 95% 신뢰구간은 (0.374, 0.809)이다. ∎

5.3 재크나이프 기법

주어진 표본 $\{ x_1, x_2, \cdots, x_n \}$만으로 관심 있는 모수 θ를 추정하고자 한다. 추정량을 $\hat{\theta} = S(x_1, \cdots, x_n)$이라고 할 때 $\hat{\theta}$ 의 편의와 표준오차를 알아보고자 한다. Quenouille(1949)는 이에 대한 추정 방법으로 **재크나이프**(jackknife) 방법을 제안하였다. 재크나이프 방법은 추정량 $\hat{\theta} = S(x_1, \cdots, x_n)$의 편의와 표준오차를 다음의 과정으로 추정한다.

[단계 1] **재크나이프 표본**(jackknife sample)을 만든다.

표본 $(x_1, x_2, \cdots, x_n)$에서 순서대로 하나씩 자료를 빼고 다음 형태의 n 개의 재크나이프 표본을 만든다.

$$X_{(i)} = (x_1, x_2, \cdots, x_{i-1}, x_{i+1}, \cdots, x_n),\ i = 1, 2, \cdots, n$$

[단계 2] 추정량의 **재크나이프 반복치**(jackknife replications) 생성

[2.1] n 개의 재크나이프 표본으로 다음의 형태로 각각의 i 번째 재크나이프 반복치를 구한다.

$$\widehat{\theta_{(i)}} = S(X_{(i)}), \quad i = 1, 2, \cdots, n$$

[2.2] 재크나이프 반복치의 평균을 구한다. $\widehat{\theta_{(.)}} = \frac{1}{n}\sum_{i=1}^{n}\widehat{\theta_{(i)}}$

[단계 3] **재크나이프 추정값**(jackknife estimate)을 구한다.

[3.1] 다음 식으로 추정량의 편의에 대한 재크나이프 추정값을 구한다.

$$\widehat{Bias}_{JN} = (n-1) \cdot (\widehat{\theta_{(.)}} - \hat{\theta})$$

[3.2] 다음 식으로 추정량의 표준오차에 대한 재크나이프 추정값을 구한다.

$$\widehat{SE_{JN}} = \left(\frac{n-1}{n} \sum_{i=1}^{n} (\widehat{\theta_{(i)}} - \widehat{\theta_{(.)}}) \right)^{1/2}$$

예 5.3.1

모평균을 추정하는 경우에는 최소분산불편추정량인 표본평균 $\hat{\theta} = \bar{x}$ 를 사용한다. 이 경우의 추정량의 편의와 표준오차에 대한 재크나이프 추정량을 구하시오.

풀이

재크나이프 반복치의 평균 $\widehat{\theta_{(\,.\,)}}$를 계산하여 보자.

$$\widehat{\theta_{(\,.\,)}} = \frac{1}{n}\sum_{i=1}^{n}\widehat{\theta_{(i)}} = \frac{1}{n}\sum_{i=1}^{n}\frac{1}{n-1}(n\bar{x} - x_i) = \frac{n^2\bar{x} - n\bar{x}}{n(n-1)} = \bar{x}$$

가 된다. 즉, $\hat{\theta}_{(\,.\,)} - \hat{\theta} = 0$이 된다. 따라서 편의에 대한 재크나이프 추정값은 $\widehat{Bias}_{JN} = 0$이다. 표준오차에 대한 재크나이프 추정값은

$$\widehat{\theta_{(i)}} - \widehat{\theta_{(\,.\,)}} = \frac{1}{n-1}(n\bar{x} - x_i) - \bar{x} = \frac{\bar{x} - x_i}{n-1}$$

이므로,

$$\widehat{SE_{JN}} = \left(\frac{n-1}{n}\sum_{i=1}^{n}(\widehat{\theta_{(i)}} - \widehat{\theta_{(\,.\,)}})\right)^{1/2} = \left(\frac{1}{n(n-1)}\sum_{i=1}^{n}(x_i - \bar{x})^2\right)^{1/2}$$

가 된다. ∎

추정량의 편의에 대한 정의는 $Bias = E(\hat{\theta}) - \theta$ 이다. 그러나 편의의 재크나이프 추정값 $\widehat{Bias}_{JN} = (n-1)\cdot(\widehat{\theta_{(\,.\,)}} - \hat{\theta})$는 편의의 정의와는 다르게 앞에 $(n-1)$이 곱해진 형태로 되어 있다. 왜 $(n-1)$을 곱하였는가? 이 식의 의미를 알아보도록 하자. [예 5.3.1]에서 보았듯이 모평균에 대한 추정량인 표본평균 $\hat{\theta} = \bar{x}$ 를 사용하는데 $\widehat{\theta_{(\,.\,)}}$를 계산하면 $\bar{x}$가 되어 $\widehat{\theta_{(\,.\,)}} - \hat{\theta} = 0$이 된다. 그러므로 편의가 발생되는 경우를 생각해 보자. 분산을 추정하기 위하여 최대가능도추정량을 사용하였을 때는 $Bias = -\sigma^2/n$이 됨은 쉽게 알 수 있다. $\hat{\theta} = \frac{1}{n}\sum_{i=1}^{n}(x_i - \bar{x})^2$ 일 때 $\widehat{\theta_{(\,.\,)}} - \hat{\theta}$ 를 계산해 보자.

$$\begin{aligned}\widehat{\theta_{(\,.\,)}} - \hat{\theta} &= \frac{1}{n}\sum_{i=1}^{n}\frac{1}{n-1}\widehat{\theta_{(i)}} - \hat{\theta} \\ &= \frac{1}{n}\sum_{i=1}^{n}\frac{1}{n-1}\left[\sum_{j=1}^{n}x_j^2 - x_i^2 - \frac{1}{n-1}(n\bar{x} - x_i)^2\right] - \frac{1}{n}\sum_{j=1}^{n}x_j^2 + \bar{x}^2\end{aligned}$$

$$= -\frac{1}{n(n-1)^2}\left[\sum_{i=1}^{n} x_i^2 - n\bar{x}\right] = -\frac{S^2}{n} \cdot \frac{1}{n-1}$$

여기에서 $S^2 = -\frac{1}{(n-1)}\left[\sum_{i=1}^{n} x_i^2 - n\bar{x}\right]$ 이다. 따라서 편의에 대한 재크나이프 추정치는 $\widehat{Bias}_{JN} = (n-1) \cdot (\widehat{\theta_{(\cdot)}} - \hat{\theta}) = -\frac{S^2}{n}$ 이 되어 $Bias = -\frac{\sigma^2}{n}$ 와 같은 의미를 가지게 됨을 알 수 있다.

5.4 연습문제

5.1 물품배달시스템에서 배달시간을 분석하기로 하였다. 배달할 물품의 상자의 수와 배달원이 다닌 거리가 배달시간에 영향을 주는 요인으로 판단되어 배달시간 Y(분), 상자수 X_1(개), 거리 X_2(m)에 대하여 자료를 조사한 결과가 아래 표에 주어져 있다. $y = \beta_0 + \beta_1 x_1 + \beta_2 x_2 + \epsilon$ 의 중회귀모형으로 변수들 사이의 관계를 알아보고자 한다. 붓스트랩 알고리즘을 사용하여 회귀계수들에 대한 95% 신뢰구간을 구하시오.

배달시간	상자수	거리	배달시간	상자수	거리
16.68	7	560	13.50	4	255
11.50	3	220	19.75	6	462
12.03	3	340	24.00	9	448
14.88	4	80	29.00	10	776
13.75	6	150	15.35	6	200
18.11	7	330	19.00	7	132
8.00	2	110	9.50	3	36
17.83	7	210	35.10	17	770
79.24	30	1460	17.90	10	140
21.50	5	605	52.32	26	810
40.33	16	668	18.75	9	450
21.00	10	215	19.83	8	635

5.2 [5.1]의 배달시간에 대하여 다음 물음에 답하시오.

(1) 붓스트랩 알고리즘과 재크나이프 방법으로 배달시간의 모평균에 대한 추정값과 추정량의 표준편차와 90% 신뢰구간을 구하시오.

(2) 배달시간의 모분산의 추정량으로 $\hat{\theta} = \frac{1}{n}\sum_{i=1}^{n}(y_i - \overline{y})^2$를 사용하는 경우에서 편의의 붓스트랩 추정값을 구하시오.

(3) 배달시간의 모분산을 추정하는 경우에 추정량의 편의와 표준오차에 대한 재크나이프 추정량을 구하시오.

6장

EM 알고리즘

6.1 불완비자료와 완비자료

모수의 값을 추정하고자 할 때, 관측된 자료만 가지고 추정하기 어려운 경우가 있다. 이러한 경우에는 관측치 외에 다른 변수를 결측치 또는 잠재치(latent value)로 생각하여 자료에 포함시킨 후 추정하는 방법이 있다. 이때 관측치를 **불완비자료**(incomplete data)라고 하고, 잠재치를 포함시킨 자료를 **완비자료**(complete data) 또는 **증대자료**(augmented data)라고 한다.

X는 관측치를 나타내는 확률변수이며, 모수 Φ에 의하여 결정되는 확률밀도함수 $f(x|\Phi)$를 가진다. Y를 잠재치를 나타내는 확률변수라고 하고 확률밀도함수 $f(y|\Phi)$에 따른다고 하자. 그러면 X는 불완비자료가 되고, (X, Y)는 완비자료가 된다. 불완비자료로부터 만들어지는 로그－가능도함수와 완비자료로부터의 로그－가능도함수와의 관계는 다음과 같이 주어진다.

$$
\begin{aligned}
l(\Phi \mid x) &= \log f(x \mid \Phi) \\
l(\Phi \mid x,y) &= \log f(x,\, y \mid \Phi) = \log f(y \mid x,\, \Phi)\, f(x \mid \Phi) \\
\log f(x \mid \Phi) &= \log f(x,\, y \mid \Phi) - \log f(y \mid x,\, \Phi)
\end{aligned}
$$

6.2 EM 알고리즘

주어진 확률밀도함수와 관측값으로 만들어지는 로그－가능도함수를 최대로 하는 값을 모수의 추정값(최대가능도추정량)으로 하고자 한다. 그러나 관측값으로부터 직접 추정이 어려운 경우에는 완비자료에 의하여 만들어지는 로그－가능도함수를 사용한 반복 알고리즘에 의하여 찾아가는 수치해석적 방법을 사용할 수 있다. 이러한 기법 중 하나가 **EM 알고리즘**이다. EM 알고리즘의 목적은 완비자료의 로그－가능도함수의 기댓값을 최대로 하는 값을 찾아가는 반복 알고리즘을 통하여 관측값(불완비자료)으로부터 만들어지는 로그－가능도함수를 최대로 하는 모수값을 찾아가는 데 있다.

(1) 관측치가 하나인 경우

모수값이 Φ로 주어져있다고 가정할 때, 관측치 x에 의한 다른 모수값 Φ^*의 로그－가능도함수는 다음과 같이 전개할 수 있다. 첫 번째 등식은 주어진 관측치 x 에 대한 잠재변수 Y 의 조건부분포에 대하여 기댓값을 구한 것으로, 조건화(conditioning)시킨 것으로 보면 된다.

$$\begin{aligned} l(x, \Phi^*) &= E(\, l(x,\Phi^*) \mid x,\Phi) = \int_{-\infty}^{\infty} \log f(x \mid \Phi^*)\, f(y \mid x,\Phi)\, dy \\ &= \int_{-\infty}^{\infty} \log f(x,\, y \mid \Phi^*)\, f(y \mid x,\, \Phi)\, dy - \int_{-\infty}^{\infty} \log f(y \mid x,\, \Phi^*)\, f(y \mid x,\, \Phi)\, dy \\ &= E(\log f(x,\, y \mid \Phi^*) \mid x, \Phi) \ - \ E(\log f(y \mid x, \Phi^*) \mid x,\, \Phi) \end{aligned}$$

Demster, Laird, Rudin(1977)은 위 식의 마지막 행의 두 항을 각각 Q 함수와 H 함수라고 정의하였다.

$$\begin{aligned} Q(\Phi,\, \Phi^*) &= E\big(\log f(x,\, y \mid \Phi^*) \mid x, \Phi\big) \\ H(\Phi,\, \Phi^*) &= E\big(\log f(y \mid x,\, \Phi^*) \mid x,\, \Phi\big) \end{aligned}$$

H 함수에 대하여 다음의 정리가 성립하므로 로그-가능도함수가 최대가 되기 위하여 Q 함수값이 최대가 되면 된다.

> $H(\Phi, \Phi^*) = E\big(\log f(y \mid x, \Phi^*) \mid x,\Phi\big)$이면 다음 부등식이 성립한다.
>
> $$H(\Phi, \Phi) \geq H(\Phi,\Phi^*)$$

(증명) $\log x \leqq x - 1$ 인 성질을 이용하면 다음 관계식을 얻는다.

$$\begin{aligned} & H(\Phi, \Phi^*) - H(\Phi,\, \Phi) \\ &= \int_{-\infty}^{\infty} \{\log f(y \mid x,\, \Phi^*) - \log f(y \mid x,\, \Phi)\} f(y \mid x, \Phi)\, dy \\ &= \int_{-\infty}^{\infty} \left\{\log \frac{f(y|x, \Phi^*)}{f(y|x,\Phi)}\right\} f(y \mid x,\, \Phi)\, dy \\ &\leqq \int_{-\infty}^{\infty} \left(\frac{f(y|x, \Phi^*)}{f(y|x,\Phi)} - 1\right) f(y \mid x,\, \Phi)\, dy \\ &= \int_{-\infty}^{\infty} f(y \mid x, \Phi^*)\, dy \ - \int_{-\infty}^{\infty} f(y \mid x, \Phi)\, dy = 0 \end{aligned}$$

그러므로 $H(\Phi, \Phi) \geq H(\Phi, \Phi^*)$ 이며 $f(y \mid x, \Phi^*) = f(y \mid x, \Phi)$ 일 때 등호가 성립한다. ∎

불완비자료의 로그-가능도함수 $l(x, \Phi)$는 Q 함수를 최대로 하는 값으로 Φ에서 Φ^*로 값을 치환해 가면서 반복과정을 수행하면 최댓값으로 단조증가함을 알 수 있다.

Q 함수는 관측값과 모수 추정값이 주어진 경우에, (잠재변수가 추가된) 완비자료의 새로운 모수 추정값에 대한 로그-가능도함수의 기댓값(expectation)이며, 이 함수를 최대(maximization)로 하는 방향으로 변화시켜가며 반복하는 알고리즘을 통하여 최대가능도추정을 하는 것이다. 따라서 이를 EM **알고리즘**이라고 한다. 즉, 기댓값을 구하는 E-step과 기댓값의 최댓값을 구하는 M-step으로 구성된 알고리즘이란 뜻이다. Q 함수를 최대로 하는 EM 알고리즘은 다음과 같다.

EM 알고리즘

[단계 1] 초기치 Φ_0를 적절히 선택한다.

[단계 2] 반복 단계: $k = 0, 1, 2, 3, \cdots$

(1) E-step: Φ_k가 주어진 경우에서 $Q(\Phi_k, \Phi^*)$를 계산한다.

(2) M-step: $Q(\Phi_k, \Phi^*)$를 최대로 하는 Φ^* 값을 Φ_{k+1}에 넣는다.

[단계 3] 종료 단계: $Q(\Phi_k, \Phi_{k+1})$의 증가치가 충분히 작아지면 반복을 종료한다.

잠재변수 Y가 이산확률변수인 경우에는 Q 함수는 다음과 같이 표현된다. 실제적으로 응용하는 경우에는 이 형태가 주로 사용됨을 기억하라.

$$Q(\Phi, \Phi^*) = \sum_{y \in Y} \frac{f(x, y \mid \Phi)}{f(x \mid \Phi)} log\, f(x, y \mid \Phi^*)$$

(2) 관측치가 복수인 경우

관측치가 복수인 경우도 알고리즘은 같은 구조가 되며 Q 함수는 각 자료와 해당되는 Q 함수들의 합으로 이루어진다. 이를 유도하는 과정을 살펴보자. 관측치가 $\boldsymbol{x} = \{x_1, x_2, \cdots, x_n\}$일 때 로그-가능도함수는

$$l(\boldsymbol{x}\,; \Phi) = \sum_{k=1}^{n} \log f(x_k \mid \Phi)$$

로 주어지며 Q 함수는 다음과 같이 유도된다.

$$
\begin{aligned}
l(\boldsymbol{x};\Phi^*) &= E(l(\boldsymbol{x};\Phi^*)\mid \boldsymbol{x},\Phi) = \int \sum_{k=1}^{n} \log f(x_k \mid \Phi^*) \prod_{i=1}^{n} f(y_i \mid x_i,\Phi)\, dy_1 \cdots dy_n \\
&= \sum_{k=1}^{n} \int \log f(x_k, y_k \mid \Phi^*) f(y_k \mid x_k, \Phi) dy_k \\
&- \sum_{k=1}^{n} \int \log f(y_k \mid x_k, \Phi^*) f(y_k \mid x_k, \Phi) dy_k \\
&= \sum_{k=1}^{n} Q_k(\Phi, \Phi^*) - \sum_{k=1}^{n} H_k(\Phi, \Phi^*) \\
&= Q(\Phi, \Phi^*) - H(\Phi, \Phi^*).
\end{aligned}
$$

Y가 이산확률변수이면 Q 함수는 다음과 같이 표현된다.

$$
Q(\Phi, \Phi^*) = \sum_{k=1}^{n} \sum_{y_k} \frac{f(x_k, y_k \mid \Phi)}{f(x_k \mid \Phi)} log\, f(x_k, y_k \mid \Phi^*)
$$

예 6.2.1

다항분포에서의 모수 추정 문제

다항분포 $M(0.5(1-\theta),\ 0.25\theta,\ 0.25\theta+0.5)$ 에서 θ의 최대가능도추정량을 구하고자 한다. 관측치로 $(x_1,\ x_2,\ x_3) = (38,\ 34,\ 125)$를 얻었을 때, 모수의 로그-가능도함수를 구하면 θ에 대하여 비선형식이 되어 해를 구하기가 쉽지 않다. 그러므로 관측치를 불완비자료라고 생각하고 잠재변수를 추가한 완비자료를 고려한다.

$M(0.5(1-\theta),\ 0.25\theta,\ 0.25\theta,\ 0.5)$ 를 올바른 분포라고 생각하고, 자료를 $(y_1,\ y_2,\ y_3,\ y_4)$의 형태라고 놓으면, 관측치 $(x_1,\ x_2,\ x_3)$ 는 불완비자료이고, $(y_1,\ y_2,\ y_3,\ y_4)$ 는 완비자료가 되며,

$$
x_1 = y_1,\ x_2 = y_2,\ x_3 = y_3 + y_4
$$

가 된다. 따라서 완비자료에 대한 확률밀도함수와 로그-가능도함수는 다음과 같다.

$$
\begin{aligned}
f(x,y \mid \theta) &= \frac{197!}{y_1! y_2! y_3! y_4!} \left(\frac{1-\theta}{2}\right)^{y_1} \left(\frac{\theta}{4}\right)^{y_2} \left(\frac{\theta}{4}\right)^{y_3} \left(\frac{1}{2}\right)^{y_4} \\
l(\theta \mid x, y) &= K + y_1 \log(1-\theta) + (y_2 + y_3)\log\theta
\end{aligned}
$$

여기에서 K는 상수이다. 로그-가능도함수를 미분하고 정리하면 선형방정식이 되어 θ의 최대가능도추정량은 다음과 같이 구해진다.

$$
\hat{\theta} = \frac{y_2 + y_3}{y_1 + y_2 + y_3}
$$

그러나 관측치는 $(x_1,\ x_2,\ x_3) = (y_1,\ y_2,\ y_3+y_4)$를 얻은 결과가 되므로 y_3값을 추정해 주어야 하기 때문에 이대로는 추정값을 구할 수 없다. 이제 최대가능도추정값을 EM 알고리즘으로 구하여 보자. Q 함수를 계산하기 위하여 모수의 초기치를 θ_0라고 할 때, 조건부 확률밀도함수를 구하면

$$f(y \mid x,\theta_0) = \frac{f(x,y \mid \theta_0)}{f(x \mid \theta_0)} \propto \frac{\theta_0^{y_3} 2^{y_4}}{(\theta_0+2)^{y_3+y_4}}$$

가 되어 $y_3 \sim b\left(125,\ \dfrac{\theta_0}{\theta_0+2}\right)$가 된다. Q 함수를 계산하면

$$\begin{aligned} Q(\theta_0,\ \theta^*) &= E(\log f(x,y \mid \theta^*) \mid x,\theta_0) = \int \log f(x,\ y \mid \theta^*)\, f(y \mid x,\ \theta_0)\, dy \\ &= K + y_1 \log(1-\theta^*) + (y_2 + E(y_3 \mid x,\theta_0)) \log \theta^* \end{aligned}$$

로 나타나고, Q 함수를 최대로 하는 $\overline{\theta}$ 값을 구하기 위해 미분을 하면
$0 = \dfrac{\partial Q(\theta_0,\theta^*)}{\partial \theta^*} = \dfrac{E(y_3 \mid x,\theta_0)+y_2}{\theta^*}$가 되므로, $\theta^* = \dfrac{y_2 + E(y_3 \mid x,\theta_0)}{y_1+y_2+E(y_3 \mid x,\theta_0)}$가 된다.

이것이 M-step이다. 여기에서 기댓값을 구해야 θ^* 값이 구해지는데, $y_3 \sim b\left(125,\ \dfrac{\theta_0}{\theta_0+2}\right)$ 이므로

$$E(y_3 \mid x,\theta_0) = 125 \cdot \frac{\theta_0}{\theta_0+2}$$

로 계산된다. 이것이 E-step이다. 두 단계를 반복하면 되므로 다음과 같은 EM 알고리즘으로 최대가능도추정값을 구할 수 있다.

[단계 1] 초기화 단계: 초기치 θ_0와 반복단계의 종료를 위한 허용한계치 ϵ을 선정한다.

[단계 2] 반복 단계: $k = 0,1,2,3,\cdots$

(1) E-step: $y_{3,k} = 125 \cdot \dfrac{\theta_k}{\theta_k+2}$

(2) M-step: $\theta_{k+1} = \dfrac{34+y_{3,k}}{38+34+y_{3,k}}$

[단계 3] 종료 단계: $|\theta_{k+1} - \theta_k| \le \epsilon$이면 반복을 중단하고 θ_{k+1}을 최대우도추정값로 사용한다.

초기치를 0.5로 주고 위의 알고리즘을 R로 수행한 결과는 다음과 같다.

① R **프로그램**

```
eps <- 1e-5
theta <- diff <- 0.5
k <- 0
result <- c(k, theta , diff)
while (diff > eps) {
  y <- 125*theta/(theta+2)
  th_hat <- (34+y) / (38+34+y)
  diff <- abs(theta - th_hat)
  theta <- th_hat
  k <- k + 1
  result <- rbind(result, c(k, theta, diff))
}
round(result, 8)
```

② **결과**

$\epsilon = 10^{-5}$으로 하여도 6번 반복으로 수렴이 됨을 알 수 있어 EM 알고리즘의 신속성과 정확성을 보여 준다.

반복 횟수	θ_k	$\lvert\theta_k - \hat{\theta}\rvert$
0	0.5000000	0.50000000
1	0.6082474	0.10824742
2	0.6243211	0.01607363
3	0.6264889	0.00216783
4	0.6267773	0.00028844
5	0.6268156	0.00003831
6	0.6268207	0.00000509

∎

예 6.2.2

혼합정규분포에서의 모수 추정 문제

L 개의 정규분포(C_1, C_2, $\cdots$, C_L)에 의하여 구성되는 **혼합정규분포**(mixture normal distribution)가 있다. 혼합분포를 구성하는 정규분포들을 결정하는 모수들을 추정하고자 한다. 모수는 다음과 같이 표현된다.

$$\Phi = (\phi_1, \cdots, \phi_L, p_1, \cdots, p_L),\ \text{여기에서}\ \phi_i = (\mu_i,\ \sigma_i^2),\ p_i = \Pr(\,C_i \mid x_k\,).$$

T 개의 관측치 x_k, $(k = 1, 2, \cdots, T)$,가 주어져 있고, y_k를 x_k가 생성된 정규분포를 나

타내는 변수라고 하면, y_k는 잠재변수가 된다. 이들의 결합확률밀도함수와 주변확률밀도함수와 Q 함수는 다음과 같이 표현된다.

$$f(x_k, y_k \mid \Phi) = p_{y_k} f_{y_k}(x_k \mid \phi_{y_k}),\ f(x_k|\Phi) = \sum_{y_k} f(x_k, y_k|\Phi)$$

$$\begin{aligned} Q(\Phi, \Phi^*) &= \sum_{k=1}^{T} Q_k(\Phi, \Phi^*) = \sum_{k=1}^{T}\sum_{y_k} \frac{f(x_k, y_k \mid \Phi)}{f(x_k \mid \Phi)} log\, f(x_k, y_k|\Phi^*) \\ &= \sum_{i=1}^{L}\sum_{k=1}^{T} \frac{p_i f_i(x_k|\phi_i)}{f(x_k|\Phi)} \log p_i^* + \sum_{i=1}^{L}\sum_{k=1}^{T} \frac{p_i f_i(x_k|\phi_i)}{f(x_k|\Phi)} \log f_i(x_k|\phi_i^*) \\ &= \sum_{i=1}^{L} a_i \log p_i^* + \sum_{i=1}^{L} Q_\phi(\Phi, \phi_i^*) \end{aligned}$$

여기에서 $a_i = \sum_{k=1}^{T} \frac{p_i f_i(x_k \mid \phi_i)}{f(x_k|\Phi)}$이다. Q 함수를 최대로 하려면 마지막 행의 두 항을 각각 최대로 하는 값을 구하면 된다. 앞 항은 **최대엔트로피 방법**(maximum entropy method)에 의하여 다음의 경우 최대가 된다.

$$p_i^* = \frac{a_i}{\sum_{i=1}^{L} a_i} = \frac{a_i}{T} = \frac{1}{T}\sum_{k=1}^{T} \frac{p_i f_i(x_k|\phi_i)}{f(x_k|\Phi)}$$

두 번째 항은 $\frac{\partial}{\partial \overline{\phi_i}} Q_\phi(\Phi, \overline{\phi_i}) = 0$을 만족하는 값이어야 하므로 해는 다음과 같이 구해진다.

$$\mu_i = \sum_{k=1}^{T} x_k \frac{p_i f_i(x_k \mid \phi_i)}{f(x_k|\Phi)} \Bigg/ \sum_{k=1}^{T} \frac{p_i f_i(x_k \mid \phi_i)}{f(x_k|\Phi)}$$

$$\sigma_i^2 = \sum_{k=1}^{T} (x_k - \mu_i)^2 \frac{p_i f_i(x_k \mid \phi_i)}{f(x_k|\Phi)} \Bigg/ \sum_{k=1}^{T} \frac{p_i f_i(x_k \mid \phi_i)}{f(x_k|\Phi)}$$

따라서 혼합정규분포의 모수들을 추정하는 EM 알고리즘은 다음과 같다.

[단계 1] 초기화 단계: 초기치 $\phi_i^{(0)} = (\mu_i^{(o)}, \sigma_i^{2(0)})$, $i = 1, 2, \cdots, L$,와 허용 한계치 ϵ 을 적절히 선택한다.

[단계 2] 반복 단계: $k = 0, 1, 2, 3, \cdots$

$$p_i^{(k+1)} = a_i \Big/ \sum_{i=1}^{L} a_i = \frac{a_i}{T}, \quad 여기에서\ a_i = \sum_{k=1}^{T} p_i f_i(x_k \mid \phi_i^{(k)}) \Big/ f(x_k|\Phi^{(k)})$$

$$\mu_i^{(k+1)} = \sum_{k=1}^{T} x_k \frac{p_i^{(k)} f_i(x_k \mid \phi_i^{(k)})}{f(x_k \mid \Phi^{(k)})} \Bigg/ \sum_{k=1}^{T} \frac{p_i^{(k)} f_i(x_k \mid \phi_i^{(k)})}{f(x_k \mid \Phi^{(k)})}$$

$$\sigma_i^{2\,(k+1)} = \sum_{k=1}^{T} (x_k - \mu_i^{(k)})^2 \frac{p_i^{(k)} f_i(x_k \mid \phi_i^{(k)})}{f(x_k \mid \Phi^{(k)})} \Bigg/ \sum_{k=1}^{T} \frac{p_i^{(k)} f_i(x_k \mid \phi_i^{(k)})}{f(x_k \mid \Phi^{(k)})}$$

[단계 3] 종료 단계: $\|\Phi_{k+1} - \Phi_k\| \leq \epsilon$.이면 반복을 중단하고 θ_{k+1}을 최대가능도추정값로 사용한다. ■

6.3 연습문제

6.1 중도절단자료에 의한 단순회귀분석에서의 추정문제

다음 쪽에 주어진, 온도에 의하여 영향을 받는 수명자료에 대하여 단순회귀모형을 적합하여 추정을 하고자 한다. 이 자료는 4가지 온도(150℃, 170℃, 190℃, 220℃)에 대하여 수명을 조사하였으며, 실험 중도절단시간(c_i)은 8064, 5448, 1680, 528로 온도에 따라 다르게 주었다.

$$y_i = \alpha + \beta x_i + \epsilon_i$$

여기에서 $y_i = \log_{10}(i$ 번째 고장시각$)$, $x_i = 1000/($온도$+273.2)$, $\epsilon \sim N(0, \sigma^2)$이다. 전체 n개 중 $(n-m)$개의 중도절단자료 대신 실제고장시간으로 표현한 증대된 로그-가능도함수를 구하면 다음과 같다.

$$-n\log\sigma - \frac{1}{2\sigma^2}\sum_{i=1}^{m}(y_i-\alpha-\beta x_i)^2 - \frac{1}{2\sigma^2}\sum_{i=m+1}^{n}(Z_i-\alpha-\beta x_i)^2$$

150℃	170℃	190℃	220℃
8064*	1764	408	408
8064*	2772	408	408
8064*	3444	1344	504
8064*	3542	1344	504
8064*	3780	1440	504
8064*	4860	1680*	528*
8064*	5196	1680*	528*
8064*	5448*	1680*	528*
8064*	5448*	1680*	528*
8064*	5448*	1680*	528*

*는 중도절단자료(motorette data, Schmee and Hahn, 1979)

(1) (E-단계)

$(Z_i-\alpha-\beta x_i)^2$ 대신 $E[(Z_i-\alpha-\beta x_i)^2 \mid \alpha^{(k)}, \beta^{(k)}, \sigma^{(k)}, Z_i > c_i]$을 사용하고자 한다. ($\theta^{(0)}$는 초깃값, $\theta^{(k)}$는 k 번째 반복추정값을 뜻함)

다음이 성립함을 보이시오.

$$E[Z_i^2 \mid \alpha^{(k)}, \beta^{(k)}, \sigma^{(k)}, Z_i > c_i] = \mu_i^{(k)^2} + \sigma^{2^{(k)}} + \sigma(c_i + \mu_i^{(k)})H\left(\frac{c_i - \mu_i^{(k)}}{\sigma^{(k)}}\right)$$

$$E[Z_i \mid \alpha^{(k)}, \beta^{(k)}, \sigma^{(k)}, Z_i > c_i] = \mu_i^{(k)} + \sigma\, H\left(\frac{c_i - \mu_i^{(k)}}{\sigma^{(k)}}\right)$$

여기에서 $\mu_i^{(k)} = \alpha^{(k)} + \beta^{(k)} x_i$, $H(x) = \dfrac{\phi(x)}{1 - \Phi(x)}$, $\phi(x)$와 $\Phi(x)$는 표준정규분포의 확률밀도함수와 분포함수이다.

(2) Q 함수를 구하시오.

(3) (M-단계) Q 함수를 모수로 편미분하여 최댓값을 구하는 식을 구하시오.

(4) 프로그래밍을 하여 앞의 수명자료를 사용하여 최대가능도추정량 $\hat{\alpha}$, $\hat{\beta}$, $\widehat{\sigma^2}$ 를 EM 알고리즘으로 구하시오.

7장

MCMC 알고리즘

7.1 깁스 샘플러

깁스 샘플링 알고리즘을 뜻하는 **깁스 샘플러**(Gibbs sampler)는 마코프 연쇄의 원리를 이용하는 몬테카를로 적분(Markov chain Monte Carlo, MCMC) 기법이다. German, German(1984)에 의하여 화상재생의 문제해결을 위하여 제안되었으며, Gelfand, Smith(1990)에 의하여 베이지안 계산문제에 적용해 많은 학자들에 의하여 연구된 알고리즘이다.

k 개의 확률변수 $U_1, U_2, \cdots, U_k$ 가 있다. 이들 사이에 **완전조건부분포**(full conditional distribution)가 다음 식으로 주어져 있다.

$$f_{U_s | U_r, r \neq s}(u_s | u_r, r \neq s),\ s, r = 1, 2, \cdots, k$$

이 식을 기호 $[U_s | U_r, r \neq s]$ 로 나타내자. 이 기호는 확률밀도함수 표현에 많이 사용되고 편리하니 알아두기 바란다. 예를 들어, 전확률의 법칙(law of total probabilities)을 다음과 같이 기호로 나타낼 수 있다.

$$f_X(x) = \int_{-\infty}^{\infty} f_{X|Y}(x | y) f_Y(y)\, dy \iff [X] = \int_{-\infty}^{\infty} [X | Y][Y]$$

완전조건부분포로부터 결합확률밀도함수 $[U_1, U_2, \cdots, U_k]$를 결정할 수 있으며, 따라서 모든 주변확률밀도함수 $[U_1], [U_2], \cdots, [U_k]$를 구할 수 있다.

$$[U_s | U_r, r \neq s] \Rightarrow [U_1, \cdots, U_k] \Rightarrow [U_s],\ s = 1, \cdots, k.$$

깁스 샘플러는 완전조건부분포가 주어진 경우에 주변확률밀도함수를 추정하는 것이 목적이 된다. 깁스 샘플러 알고리즘은 다음의 과정으로 이루어진다.

깁스 샘플러 알고리즘

[단계 1] 임의의 초기치 $U_1^{(0)}, U_2^{(0)}, \cdots, U_k^{(0)}$를 정한다.

[단계 2] 반복 단계: 다음 과정을 m 번 반복 수행한다.

(1) 다음의 과정을 t번 반복 수행한다. $i = 0, 1, 2, \cdots, t$

$[U_1 | U_2^{(i)}, U_3^{(i)} \cdots, U_k^{(i)}]$에서 $U_1^{(i+1)}$를 생성하고,

$[\,U_2 \mid U_1^{(i+1)},\, U_3^{(i)},\, \cdots,\, U_k^{(i)}\,]$에서 $U_2^{(i+1)}$를 생성하고,

… … … …

$[\,U_k \mid U_1^{(i+1)},\, U_2^{(i+1)},\, \cdots,\, U_{k-1}^{(i+1)}\,]$에서 $U_k^{(i+1)}$를 생성하고,

(2) 위 반복의 최종치를 $U_{1j}^{(t)},\, U_{2j}^{(t)},\, \cdots,\, U_{kj}^{(t)}$로 둔다.

[단계 3] 추정 단계: $U_{1j}^{(t)},\, \cdots,\, U_{kj}^{(t)},\ j = 1, 2, \cdots, m$,를 사용하여 다음의 식으로 주변확률밀도함수를 추정한다.

$$[\widehat{U_s}] = \frac{1}{m}\sum_{j=1}^{m}[\,U_s \mid U_r = U_{rj}^{(t)},\, r \neq s\,]$$

[단계 3]의 식을 라오-블랙웰화된 확률밀도함수 추정식이라고 한다. German, German (1984)은 [단계 2]에서 t가 무한히 커질 때

$$U_s^{(t)} \xrightarrow{d} U_s \sim [\,U_s\,]$$

의 성질이 있음을 보였다.

정적분의 계산에서 다음으로 표현되는 중적분의 경우를 살펴보자.

$$I = \int g(x_1, x_2, \cdots, x_n)\, dx_1 dx_2 \cdots dx_n$$

주표본기법처럼 생성이 쉬운 결합확률밀도함수 $f(x_1, x_2, \cdots, x_n)$를 선정하여 다음으로 나타낼 수 있다.

$$\begin{aligned} I &= \int \frac{g(x_1, x_2, \cdots, x_n)}{f(x_1, x_2, \cdots, x_n)} f(x_1, x_2, \cdots, x_n)\, dx_1 dx_2 \cdots dx_n \\ &= E[k(x_1, x_2, \cdots, x_n)] \end{aligned}$$

여기에서 $k(x_1, x_2, \cdots, x_n) = \dfrac{g(x_1, x_2, \cdots, x_n)}{f(x_1, x_2, \cdots, x_n)}$이다. $f(x_1, x_2, \cdots, x_n)$에서 확률변수값 $(x_1^{(t)}, x_2^{(t)}, \cdots, x_n^{(t)}),\ t = 1, 2, \cdots, m$,을 생성하며 다음 식으로 중적분값을 추정한다.

$$\widehat{I_{GS}} = \frac{1}{m}\sum_{t=1}^{m} k(x_1^{(t)}, x_2^{(t)}, \cdots, x_n^{(t)})$$

변수들이 서로 독립이라면 각각 단일변량분포에서 생성하면 되지만 독립이 아닌 일반적

인 결합확률분포의 생성은 쉽지 않으므로 조건부분포의 생성을 이용한 깁스 샘플러가 유용하게 사용되는 것이다.

예 7.1.1

다변량 정규분포

다변량 정규분포 $N\left(\begin{pmatrix}\mu\\\mu\end{pmatrix}, \begin{pmatrix}2 & 1\\1 & 1\end{pmatrix}\right)$ 에 따르는 확률변수값 (x_1, x_2) 들을 생성하고, 다음의 정적분을 추정하는 알고리즘을 작성하시오.

$$\int g(x_1, x_2)\, dx_1 dx_2$$

풀이

두 확률변수의 결합확률분포가 $(X_1, X_2) \sim N\left(\begin{pmatrix}\mu\\\mu\end{pmatrix}, \begin{pmatrix}2 & 1\\1 & 1\end{pmatrix}\right)$일 때,

조건부확률분포는

$$[X_1 \mid X_2 = x_2] \sim N(x_2, 1), \qquad [X_2 \mid X_1 = x_1] \sim N\left(\frac{x_1 + \mu}{2}, \frac{1}{2}\right)$$

가 된다. 그러므로 두 확률변수값의 생성과 정적분 추정은 다음의 깁스 샘플러로 이루어진다.

[단계 1] 초기화 단계: 임의의 초기치 $(x_1^{(0)}, x_2^{(0)})$를 잡는다.

[단계 2] 반복 단계: $j = 1, 2, \cdots, m$

(1) 다음의 과정을 t 번 반복 수행한다. $i = 0, 1, 2, \cdots, t$

$N(x_2^{(i)}, 1)$에서 $x_1^{(i+1)}$를 생성한다.

$N\left(\frac{x_1^{(i+1)} + \mu}{2}, \frac{1}{2}\right)$에서 $x_2^{(i+1)}$를 생성한다.

(2) 위 반복의 최종치를 $x_{1j}^{(t)}, x_{2j}^{(t)}$로 둔다.

[단계 3] 추정 단계:

$$\widehat{I_{GS}} = \frac{1}{m} \sum_{t=1}^{m} k(x_1^{(t)}, x_2^{(t)}) \quad \text{여기에서} \quad k(x_1, x_2) = \frac{g(x_1, x_2)}{f(x_1, x_2)}.$$ ∎

위의 깁스 샘플러를 살펴보면 초깃값으로부터 t 번의 반복을 하여 하나의 확률벡터값을

생성하는 셈이므로, $t-1$ 번 과정의 값들은 모두 버리는 결과가 되어 매우 많은 계산이 반복 수행되는 비효율적인 알고리즘이 될 수 있다. 따라서 t 이후에도 반복을 계속해가며 일정한 간격 s 로 $t, t+s, t+2s, \ldots, t+(m-1)s$ 번째의 값들을 이용하면 된다. 왜냐하면 연속된 값들은 바로 앞의 값들에 의존하므로 독립 추출이 되지 못하므로 어느 정도의 간격을 두면 독립 추출의 효과를 볼 수 있기 때문이다. 예를 들어, [예 7.1.1]에서의 추정식은

$$\widehat{I_{GS}} = \frac{1}{m}\sum_{j=0}^{m-1} k(x_1^{(t+js)},\, x_2^{(t+js)})$$

로 대신하면 된다.

예 7.1.2

회귀계수에 대한 베이지안 추정

새로운 약의 복용량과 알레르기 증상이 없어지는 지속효과의 관계를 알아보기 위하여 조사를 하였다.

복용량(x)	3	3	4	5	6	6	7	8	8	9
약의 지속효과(y)	9	5	12	9	14	16	22	18	24	22

분석모형으로는 단순회귀모형을 사용하고 모수(회귀계수, 오차분산)에 대하여 사전분포가 다음과 같이 알려져 있는 경우에 깁스 샘플러에 의하여 베이지안 추정을 하고자 한다.

$$y_i = \beta_0 + \beta_1 x_i + \epsilon_i\,, \quad \epsilon_i \sim N(0, \sigma^2)\,,\ i = 1, 2, \cdots, n$$

여기에서 $\beta_0 \sim N(0,1)$, $\beta_1 \sim N(0,1)$, $\sigma^2 \sim IG(0, 0)$ 이며, 세 모수의 사전분포는 모두 독립이다. $IG(a, b)$ 는 모수가 a, b 인 역감마분포(inverse gamma distribution)를 나타낸다.

풀이

결합확률밀도함수는 다음과 같다.

$$\prod_{i=1}^{n} [y_i |\ \beta_0, \beta_1, \sigma^2]\,[\beta_0]\,[\beta_1]\,[\sigma^2]$$

$$\propto \prod_{i=1}^{n} (\sigma^2)^{-1/2} \exp\left(-(y_i - \beta_0 - \beta_1 x_i)^2/2\sigma^2\right) \cdot \exp\left(-\beta_0^2/2\right) \cdot \exp\left(-\beta_1^2/2\right) \cdot 1/\sigma^2$$

결합확률밀도함수를 사용하여 완전조건부분포를 구해 보자.

(1) $[\beta_0 | \beta_1, \sigma^2]$의 조건부분포

$$[\beta_0 | \beta_1, \sigma^2] \propto \exp\left(-\sum_{i=1}^{n}(y_i-\beta_0-\beta_1 x_i)^2/2\sigma^2\right) \times \exp(-\beta_0^2/2)$$

$$\propto \exp\left[-(\sum_{i=1}^{n}(\beta_0-m_i)^2+\sigma^2\beta_0^2)/2\sigma^2\right] \quad (\text{여기에서 } m_i = y_i - \beta_1 x_i)$$

$$\propto \exp\left[-\left(\beta_0 - \sum_{i=1}^{n} m_i/(n+\sigma^2)\right)^2 \Big/ \frac{n+\sigma^2}{2\sigma^2}\right]$$

그러므로 $[\beta_0 | \beta_1, \sigma^2] \sim N\left(\frac{1}{n+\sigma^2}\sum_{i=1}^{n}(y_i-\beta_1 x_i),\ \frac{\sigma^2}{n+\sigma^2}\right)$ 이다.

(2) $[\beta_1 | \beta_0, \sigma^2]$의 조건부분포

$$[\beta_1 | \beta_0, \sigma^2] \propto \exp\left(-\sum_{i=1}^{n}(y_i-\beta_0-\beta_1 x_i)^2/2\sigma^2\right) \times \exp(-\beta_1^2/2)$$

$$\propto \exp\left[-(\sum_{i=1}^{n}(\beta_1 x_i-m_i)^2+\sigma^2\beta_1^2)/2\sigma^2\right] \quad (\text{여기에서 } m_i = y_i - \beta_0)$$

$$\propto \exp\left[-\left(\beta_1 - \sum_{i=1}^{n} x_i m_i / (\sum_{i=1}^{n} x_i^2+\sigma^2)\right)^2 \Big/ \frac{\sum_{i=1}^{n} x_i^2+\sigma^2}{2\sigma^2}\right]$$

그러므로 $[\beta_1 | \beta_0, \sigma^2] \sim N\left(\frac{1}{\sum_{i=1}^{n} x_i^2+\sigma^2}\cdot\sum_{i=1}^{n}(y_i-\beta_0)x_i,\ \frac{\sigma^2}{\sum_{i=1}^{n} x_i^2+\sigma^2}\right)$ 이다.

(3) $[\sigma^2 | \beta_0, \beta_1]$ 의 조건부분포

$$[\sigma^2 | \beta_0, \beta_1] \propto (\frac{1}{\sigma^2})^{n/2} \exp\left(-\sum_{i=1}^{n}(y_i-\beta_0-\beta_1 x_i)^2/2\sigma^2\right) \times \frac{1}{\sigma^2}$$

그러므로 $[\sigma^2 | \beta_0, \beta_1] \sim IG\left(\frac{n}{2}, \frac{1}{2}\sum_{i=1}^{n}(y_i-\beta_0-\beta_1 x_i)^2\right)$ 이다.

완전조건부분포가 결정되었으므로 깁스 샘플러 알고리즘을 수행할 수 있다. 본문과 비교하면 $U_1 = \beta_0$, $U_2 = \beta_2$, $U_3 = \sigma^2$ 이 된다. 깁스 샘플러 알고리즘으로 수행한 결과는 다음과 같다.

(4) R 프로그램

```
## Gibbs sampler

library(pscl)   # to generate random values from an inverse gamma
                # distribution
x <- c(3,3,4,5,6,6,7,8,8,9)
y <- c(9,5,12,9,14,16,22,18,24,22)
n<-length(x)
g <- lm(y~x)
b0 <- g$coef[1]
b1 <- g$coef[2]
sig <- summary(g)$sig^2
K <- 1e5
out <- matrix(0,K,3)
out[1,] <-c(b0,b1,sig)
for (i in 2:K) {
  out[i,1] <- b0 <- rnorm(1,sum(y-b1*x)/(n+sig),sig/(n+sig))
  out[i,2] <- b1
  <- rnorm(1,sum((y-b0)*x)/(sum(x^2)+sig),sig/(sum(x^2)+sig))
  out[i,3] <- sig <- rigamma(1,n/2,sum((y-b0-b1*x)^2)/2)
}
burn.out<-1001
par(mfrow=c(1,3))
hist(out[burn.out:K,1],nclass=100,xlim=c(-3,3),
main=expression(paste("Posterior distribution of ",beta[0])),
xlab=expression(beta[0]))
hist(out[burn.out:K,2],nclass=100,xlim=c(2,3),
main=expression(paste("Posterior distribution of ",beta[1])),
xlab=expression(beta[1]))
hist(out[burn.out:K,3],nclass=100,xlim=c(0,100),
main=expression(paste("Posterior distribution of ",sigma^2)),
xlab=expression(sigma^2))
```

② 결과

생성된 사후분포는 아래 그림과 같으며, 추정치는 사후분포의 평균(mean), 중앙값(median) 또는 최빈값(mode) 중에서 선택하면 되며 R 함수를 사용하여 얻을 수 있다.

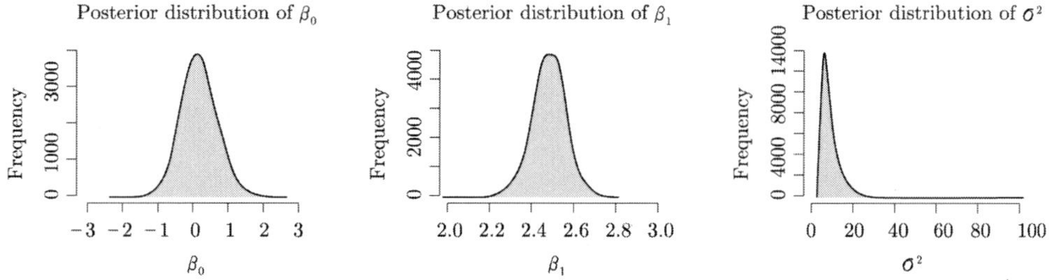

평균인 경우 다음과 같다. 난수발생으로 구한 값이므로 독자의 결과와 조금 다를 수 있다.

$$\widehat{\beta_0} = 0.098574199\ ,\ \widehat{\beta_1} = 2.500825\ ,\ \widehat{\sigma^2} = 9.784893$$ ∎

7.2 메트로폴리스 알고리즘

Metropolis 외(1953)는 마코프 연쇄(Markov chain)를 이용하여 물리학에서 입자들의 평형분포(equilibrium distribution)를 생성하기 위한 방법으로 **메트로폴리스 알고리즘**을 제안하였으며 주로 확률과정으로 설명되는 물리통계에서 사용되고 있다.

시간 t 에 따라 변화하는 현상을 확률과정 $\{S_t,\ t = 1, 2, \cdots\}$로 나타낼 때, 일단계 마코프 연쇄에 대하여 생각해 보자. 시점 t 에서의 확률변수(또는 상태변수) S_t 가 $\{1, 2, \cdots, m\}$ 중의 한 값을 가지며, 전이확률(transition probability)이 $P_{ij} = P(S_{t+1} = j \mid S_t = i)$로 주어져 있다. P_{ij} 는 시점 t 와는 무관하다. 전이행렬이 $P = (P_{ij})_{m \times m}$ 로 주어져 있을 때, S_{t+1} 의 분포 ξ_{t+1} (행벡터)는 S_t 의 분포 ξ_t 와 조건부분포인 전치행렬 P 에 의하여 $\xi_t P = \xi_{t+1}$ 로 결정된다. 다시 표현하면,

$$P(S_{t+1} = j) = \sum_{i=1}^{m} P(S_{t+1} = j \mid S_t = i)\, P(S_t = i)$$

가 되며, 만약 마코프 연쇄가 진행되는 과정 중에

$$\pi P = \pi$$

를 만족하는 분포 $\pi = (\pi_1, \pi_2, \cdots, \pi_m)$가 존재하면 이를 **평형분포**라고 한다. 일단 평형상태에 들어가면 분포는 전이행렬에 영향을 받지 않고 평형상태가 계속되기 때문이다. 즉, 임의의 자연수 n 에 대하여, $\pi P^n = \pi$이다. 주어진 전치행렬 P 를 사용하여 평형분포 π 를 구하는 것이 일반적인 확률과정의 문제이지만, 메트로폴리스 알고리즘은 반대로 평형분포 π 가 주어져 있을 때 이 분포에 따르는 값을 생성하기 위하여 전치행렬 P 를 구하여 사용하는 반복 알고리즘이다.

모든 상태들 사이에 다음의 등식이 성립할 때, **가역 마코프 연쇄**(reversible Markov chain)라

고 말한다.

$$\pi_i P_{ij} = \pi_j P_{ji}, \quad i \neq j.$$

다음 등식에서 가역이란 의미를 알 수 있다.

$$\begin{aligned} P(S_t = i, S_{t+1} = j) &= P(S_t = i)(S_{t+1} = j \mid S_t = i) \\ &= P(S_t = j)(S_{t+1} = i \mid S_t = j) \\ &= P(S_t = j, S_{t+1} = i) \end{aligned}$$

마코프 연쇄가 가역적이면,

$$\pi P = \left(\sum_{i=1}^{m} \pi_i P_{ij} \right)_{1 \times m} = \left(\sum_{i=1}^{m} \pi_j P_{ji} \right) = \left(\pi_j \sum_{i=1}^{m} P_{ji} \right) = (\pi_j)_{1 \times m} = \pi$$

가 되어 평형상태를 만족한다. 메트로폴리스 알고리즘은 평형분포 π에 따르는 값을 생성하기 위하여 $\pi_i P_{ij} = \pi_j P_{ji}, \ i \neq j$,를 만족하는 전치행렬을 수행하는 반복 알고리즘이다. 상태변수가 이산형인 경우와 연속형인 경우로 나누어 메트로폴리스 알고리즘에 대하여 좀 더 상세히 알아보자. 우선 이산형인 경우에 대한 메트로폴리스 알고리즘의 개념은 다음과 같다.

임의의 대칭인 전이행렬 $Q = (Q_{ij})$가 주어져 있다. 전치행렬은 시점 t와 무관하므로 임의의 시점 t에서 생각해도 된다. $S_t = i$인 경우, 주어진 전치행렬 Q에 의하여 상태 j가 선택되었을 때, 확률에 의하여 S_{t+1} 값이 상태 i에 머무를 수도 있고, 상태 j로 움직일 수도 있도록 선택이 주어지는 마코프 연쇄를 정의한다. 이때 상태 i에서 다른 상태 j로 움직일 확률을 α_{ij}라고 하면,

$$P_{ij} = \alpha_{ij} Q_{ij}, \quad P_{ii} = 1 - \sum_{j \neq i} P_{ij}$$

로 전치행렬 P가 구성된다. $\pi P = \pi$의 식에서 살펴보면, 임의의 대칭전치행렬 Q에 의하여 상태 j가 선택되었으므로, $\pi_i < \pi_j$라면 상태 j로 움직이도록 하는 것은 당연하며, $\pi_i \geq \pi_j$인 경우는 상태 i가 상태 j보다 머무는 확률이 크므로 머무는(움직이는 것을 거부할) 확률로 $1 - \alpha_{ij}$를 주는 것이 합리적이다. 따라서 메트로폴리스 알고리즘도 거절법의 형태를 가지고 있는 셈이 된다. 위의 생각으로 Metropolis 외(1953)는 다음과 같이 α_{ij}를 정의하였다.

$$\alpha_{ij} = \begin{cases} 1, & \pi_j > \pi_i \\ \dfrac{\pi_j}{\pi_i}, & \pi_j \leq \pi_i \end{cases}$$

대칭전치행렬 Q 와 α_{ij} 의 정의를 이용하면,

$$\begin{aligned} \pi_i P_{ij} &= \pi_i \alpha_{ij} Q_{ij} = \pi_i \min\left\{1, \frac{\pi_j}{\pi_i}\right\} Q_{ij} = \min\{\pi_i, \pi_j\} Q_{ij} \\ &= \min\{\pi_i, \pi_j\} Q_{ji} = \pi_j \min\left\{\frac{\pi_i}{\pi_j}, 1\right\} Q_{ji} \\ &= \pi_j P_{ji} \end{aligned}$$

가 되어 전치행렬 P 로 이루어진 마코프 연쇄는 가역적이다. 따라서 $\pi P = \pi$ 가 성립되며 마코프 연쇄를 수행하면서 분포 π 에 따르는 값을 생성할 수 있는 것이다. 메트로폴리스 알고리즘은 다음의 단계로 이루어진다.

메트로폴리스 알고리즘 (이산 상태변수)

[단계 1] 초기화 단계

(1) 적당한 대칭전치행렬 $Q = (Q_{ij})$를 선정한다.

(2) 생성하려는 분포 $\pi = (\pi_1, \pi_2, \cdots, \pi_m)$의 확률을 저장한다.

(3) 초기치 S_0 값을 정한다.

[단계 2] 반복 단계: $t = 0, 1, 2, \cdots, n$

(1) $S_t = i$이면, 분포$(Q_{i1}, Q_{i2}, \cdots, Q_{im})$에 의하여 j 값을 생성한다.

(2) 난수를 생성하여 $\alpha_{ij} = \min\left\{1, \dfrac{\pi_j}{\pi_i}\right\}$의 확률로 $S_{t+1} = j$ 라 정하고,

$1 - \alpha_{ij}$의 확률로 $S_{t+1} = i$ 라고 정하여 π의 값으로 사용한다.

상태변수가 연속형인 경우에도 마찬가지의 방법으로 하면 된다. 상태변수 X 의 확률밀도함수가 $\pi(x)$로 주어져 있으며, $\pi(x)$에 따르는 값들을 생성하는 것이 목적이다. 적당한 대칭 전이확률함수 $Q(y \mid x)$을 잡으면(즉, $Q(y \mid x) = Q(x \mid y)$), 메트로폴리스 알고리즘은 다음의 단계로 이루어진다.

메트로폴리스 알고리즘 (연속 상태변수)

[단계 1] 초기화 단계

(1) 적당한 대칭전치확률함수 $Q(y \mid x)$를 선정한다.

(2) 초기치 X_0 값을 정한다.

[단계 2] 반복 단계: $i = 0, 1, 2, \cdots, n$

(1) $X_i = x$ 이면 대칭전치확률함수 $Q(y \mid x)$ 에 의하여 y^* 값을 생성한다.

(2) 난수를 생성하여 $\alpha_{x, y^*} = \min\left\{1, \dfrac{\pi(y^*)}{\pi(x)}\right\}$의 확률로 $X_{i+1} = y^*$ 라고 정하고, $1 - \alpha_{x, y^*}$ 의 확률로, $X_{i+1} = x$ 로 정하여 π의 확률변수 값으로 사용한다.

요약해 보면, 메트로폴리스 알고리즘이란

(1) 대칭인 전치행렬을 임의로 하나 선정하고,

(2) 가역성을 만족하기 의하여 적당한 α_{ij}를 정의하고,

(3) 주어진 분포 π를 사용하여 α_{ij}들을 구하고,

(4) $\pi P = \pi$의 평형상태를 만든 후,

(5) 마코프 연쇄를 수행하면서,

(6) 주어진 분포 π에 따르는 값을 생성하는 기법이다.

메트로폴리스 알고리즘에서는 확률밀도함수 $\pi(x)$가 아닌 확률밀도함수의 비인 $\pi(y)/\pi(x)$의 값을 사용하므로 확률밀도함수의 적분값을 1로 만드는 **정규화 상수**(normalizing constant)를 구하기 힘든 경우에 활용할 수 있는 장점이 있어, 절단분포와 관련된 사후분포의 추정과 같이 조건부 확률구조를 가진 통계적 실험에 편리하게 응용될 수 있다. 메트로폴리스 방법에서는 생성이 쉬운 전치행렬 Q의 선정과 가역성을 만족시키며 계산이 빠른 다양한 α_{ij} 의 선정이 중요하다. 확률보행과정은 $Q(y \mid x) = Q(y - x)$인 경우가 되며 일반적으로 다변량 정규분포, t 분포 등을 사용한다.

7.3 연습문제

7.1 다음의 정적분을 깁스 샘플링을 이용하여 추정하시오.

$$\int_{R^2} \exp[-x_1(x_1 x_2^2 + 2x_2)]\, dx_1 dx_2$$

7.2 확률변수 X가 $N(\theta, \nu)$에 따르고, 평균 θ의 사전분포는 $N(0, 1)$이고, 분산 ν의 분포는 **역감마분포** $IG(2,1)$에 따른다고 가정할 때, 제곱손실함수 $(\theta - \delta(x))^2$에서의 베이즈 추정량은 사후분포의 기댓값임은 잘 알려진 사실이다. 관측치가 0일 때 다음에 답하시오.

(1) (θ, ν)의 사후확률밀도함수 $[\theta, \nu \mid X = 0]$를 구하시오.

(2) 평균과 분산에 대하여 각각 조건부분포를 구하시오.

(3) 깁스 샘플링을 하여 베이즈 추정값을 구하시오.

7.3 메트로폴리스 알고리즘을 사용하여 다음의 분포에 따르는 값을 100개 생성하시오.

$$\pi = (0.1,\ 0.2,\ 0.14,\ 0.16,\ 0.1,\ 0.3)$$

7.4 메트로폴리스 알고리즘에서 α_{ij}의 정의를

$$\alpha_{ij} = \frac{\pi_j}{\pi_i + \pi_j}$$

로 하여도 가역성을 만족시키고 있음을 보이시오.

8장

신경회로망

8.1 신경회로망이란 무엇인가?

자연계의 변화패턴은 일반적으로 비선형적이다. 비선형적 변화패턴은 불규칙 시점에서의 갑작스런 변화, 강한 비대칭성, 강한 주기성, 시간에 대한 비역전성 등의 특성을 지니고 있다. 이러한 비선형적 특성을 모형화하기 위하여 자연의 모습을 닮은 모형을 생각하는 것은 합리적이고 자연스런 현상이다. 동물의 뇌가 지니고 있는 반응과 결정 능력은 언제나 신비로움과 분석의 대상이 되었으며, 특히 인간 두뇌에서 일어나는 인식과정에 대한 호기심은 모든 분야에서 끊임없이 이어지고 있다. 20세기 초반 생물학자들의 원숭이 뇌에 대한 실험을 통하여 기억과 훈련과 같은 정보처리 능력은 특정한 영역의 뇌세포에 담기는 것이 아니라 수많은 뉴런들의 망 형태로 분산되어 저장됨이 밝혀져 왔다. 뇌는 뉴런(neuron)의 망(networks)으로 구성되어 있으며, 여러 개의 뉴런으로부터 자극을 받은 뉴런은 다시 정보를 다른 인접한 여러 개의 뉴런에 전달하는 과정을 지니고 있다.

신경회로망(neural networks)은 (1) 인간 두뇌에서 일어나는 반응결정체계를 자연계 현상의 예측(또는 추정) 과정에 도입한 알고리즘으로, (2) 모형식의 형태를 알 수 없거나, 비선형모형으로 예측의 과정이 매우 복잡한 경우에 적용할 수 있다. 다양한 자극을 받아들여 여러 가지 반응을 하는 사람의 뇌인식 과정에 대한 연구는 오래 전부터 과학자들의 관심의 대상이 되어 왔다. 즉, 신경회로망은 뇌의 구조와 기능을 흉내 낸 알고리즘으로 개발되었다. 하지만 신경회로망의 연구방향은 뇌의 정보처리에 대한 포괄적인 능력보다는 최적해나 인식을 위한 비선형적 모형으로 제한되어 이루어졌다.

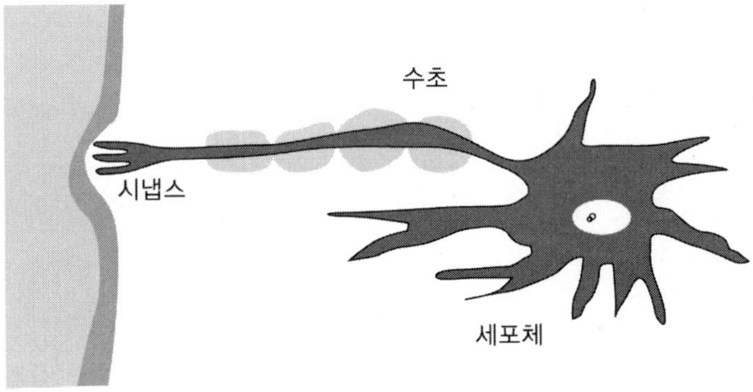

그림 8.1.1. 생물학적 신경회로망

McCulloch, Pitts(1943)는 다수의 뉴런으로부터 신호를 받은 뉴런은 시냅스 결합의 강도에 따른 자극을 받아들여 자극의 총합이 역치를 넘으면 흥분한 것으로 나타내도록 모형화하였다. 이들의 이론을 바탕으로 1950년대에 Rosenblatt는 패턴인식을 학습하는 신경회로망 모델로 **퍼셉트론**(perceptron)을 제안하였다. 로젠블러트의 제안은 국제적으로 큰 관심을 불러 일으켜 수많은 학자들에 의하여 연구가 이루어졌으나, 당시에는 컴퓨터 하드웨어의 발달이 미흡하였으므로 실용화에는 문제가 많았다. 1969년 Nakano는 신경회로망 연상기억용 모형인 **어소시아트론**(associatron)을 제안하였다. 어소시아트론은 몇 가지 패턴을 기억(encoding)시킨 후 그 중 일부를 입력으로 주면 전체를 기억해 내는 기능을 지니고 있다. 1980년 Hopfield 역시 신경회로망을 연상기억과 최적해를 구하는 문제에 활용할 수 있다고 제안하였다. 1986년 Rumelhart, Hinton, Williams는 신경회로망의 학습 방법으로 최급강하법(gradient descent method)을 이용한 **역전파법**(back propagation method)을 제안하여 신경회로망 발전에 큰 도움을 주었다. 이때부터 **뉴로 컴퓨터**(neuro-computer)라는 용어가 사용되기 시작하였다.

신경회로망은 이론적으로 복잡하지 않으면서도 기계학습이 되는 장점을 지니고 있어 오늘날 많은 분야에서 애용되고 있으나, 최적해 구하는 문제에서 **극소값**(local minimum)으로 빠질 수 있는 결점이 있으며, 은닉 층의 수나 노드의 수가 증가하면 계산시간이 급증하므로 빠른 처리시간을 요구하는 실시간 처리에서는 주의해야 한다.

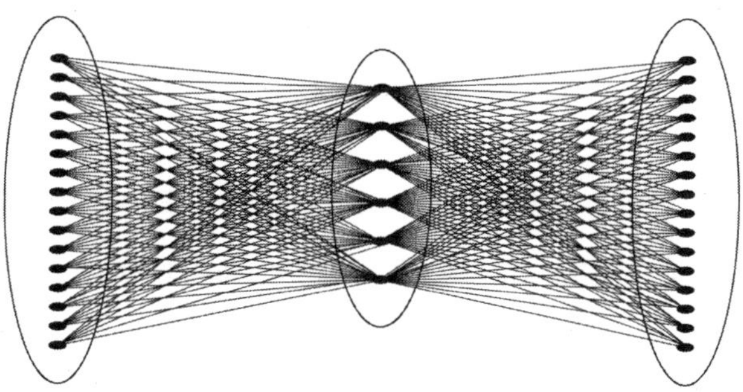

퍼 셉 트 론 : 감각세포	→	결합세포	→	반응세포
신경회로망 : 입력변수	→	은닉층	→	출력변수

그림 8.1.2. 퍼셉트론과 신경회로망

생물학적 퍼셉트론과 신경회로망 구조를 비교하면 [그림 8.1.2]와 같다. 신경회로망 구조는 (1) 입력변수 집단, 출력변수 집단을 미리 결정한 후, (2) 은닉 층(hidden layer)의 수, (3) 각 은닉 층을 이루는 노드(node 또는 unit)의 수로 이루어지며, (4) 실험에 의하여 최적 구조를 선택하는 것이 신경회로망의 가장 중요한 문제가 된다. 이 장에서는 역전파법을 이용한 신경회로망에 대하여 소개한다.

8.2 신경회로망에서의 정보전달과정

신경회로망은 (1) 현재와 과거의 입력값들과 대응된 출력값들을 알고 있는 경우에, (2) 미래의 새로운 입력값들에 대한 출력값들을 추정하는 데 유용하다. 신경회로망은 따라서 알고리즘을 구성하는 최적 가중치들(weights)을 결정하는 학습 과정과 새로운 입력 자료에 대한 출력 추정값을 구하는 인식 과정으로 이루어진다.

신경회로망에서는 (1) 은닉 층의 노드들을 연결하는 가중치들의 물리적 의미를 부여하지 않으므로 은닉 층 부분은 black box의 역할을 한다. (2) 입력된 변수값들이 다음 은닉 층으로 전달하는 과정과 노드에 저장되는 과정에서 함수의 선택이 중요하다. (3) 알고리즘의 구성은 신경회로망의 출력값(output value)과 목적변수값(target value, 실제값)의 차이가 최소가 되도록 가중치들을 변화시키는 역전파법이 중심이 된다. 이때 가중치의 변화량의 크기결정에 유의하여야 한다.

$h_j^{(k-1)}$	$\Rightarrow$	$u_i^{(k)} = \sum_j w_{ij}^{(k)} h_j^{(k-1)}$	$\Rightarrow$	$h_i^{(k)} = f_k(u_i^{(k)})$	$\Rightarrow \cdots$
(k-1)번째 은닉층 node 값들		k 번째 node에 대한 정보전달함수값 계산		k 번째 node에 대한 정보활성함수값 계산	

그림 8.2.1. 신경회로망 정보전달과 저장 과정

신경회로망에서 정보전달은 **정보전달함수**(basis function 또는 net function)로 수행되며, 은닉 층 노드들과 출력변수에 저장은 **정보활성화함수**(activation function 또는 neuron function)로 수행된다. 정보전달함수는 여러 노드의 정보를 묶어 다음 단계로 전달해주는 역할을 하며 다음의 함수가 많이 사용된다.

(1) Linear Basis Function(LBF)은 일차결합에 의한 정보전달함수로 가장 많이 사용되며 다음의 형태를 갖는다. 신경회로망에서는 상수항을 **편의**(bias)라고 한다.

$$u_i(w, x) = b_{i0} + \sum_{j=1}^{n} w_{ij} x_j$$

(2) Radial Basis Function(RBF)은 거리 개념에 의한 정보전달함수이며 다음의 형태를 갖는다.

$$u_i(w, x) = \sqrt{\sum_{j=1}^{n} (w_{ij} - x_j)^2}$$

(3) Elliptic Basis Function(EBF)는 RBF의 변형된 형태로 다음의 형태를 갖는다.

$$u_i(w, x) = \sqrt{\sum_{j=1}^{n} \alpha_{ij}(w_{ij} - x_j)^2 + \theta_i}$$

정보활성화함수는 정보전달함수에 의하여 전달된 자극을 노드에 저장하는 역할을 하는 함수로 역치 현상을 고려하여 [그림 8.2.2]에 주어진 형태의 계단 함수(step function), ramp 함수, 시그모이드 함수(sigmoid function), 가우시안 함수(Gaussian function) 등을 사용한다.

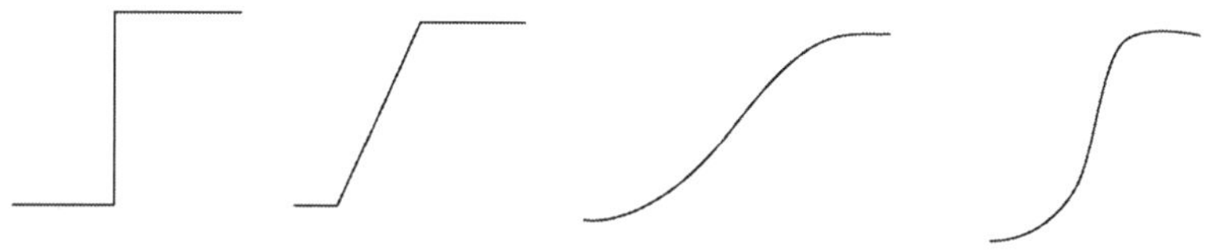

(1) 계단 함수 (2) ramp 함수 (3) 시그모이드 함수 (4) 가우시안 함수

그림 8.2.2. 정보활성화함수

시그모이드 함수는 늘어진 S자 형태를 지니고, 단조증가하며, 미분가능인 유계함수를 말하며 다음의 함수를 많이 사용한다.

(1) **로지스틱 함수**(logistic function) : $g(u) = \dfrac{1}{1 + \exp(-u)}$

(2) tanh( ) 함수: $\tanh(u) = \dfrac{e^u - e^{-u}}{e^u + e^{-u}}$

정보전달함수와 정보활성화함수는 (은닉층, 노드, 입력, 출력)과 더불어 신경회로망을 구성하는 기본 구조이며, 어떤 함수를 사용하든지 역전파법으로 추정하는 것은 동일하다. RBF를 사용하는 것은 신경회로망의 적합도를 좋게 하는 이점이 있다. 일반적으로 계산상의 편리함을 위하여 LBF 경우 로지스틱 함수와 같은 시그모이드 함수를 사용하며, RBF는 가우시안 함수를 사용한다.

예 8.2.1

신경회로망의 정보전달 과정

신경회로망이 다음과 같이 주어져 있다. 즉 입력변수가 2개, 은닉층이 1개, 노드가 2개, 출력변수가 1개인 신경회로망이다. 이 신경회로망 구조를 $NN(2-2-1)$으로 표기하자. 목적변수(target variable)가 계량치 자료인 경우 정보전달함수로 LBF와 정보활성화함수로 로지스틱 함수를 사용하는 신경회로망의 정보전달 과정에 대하여 살펴보자.

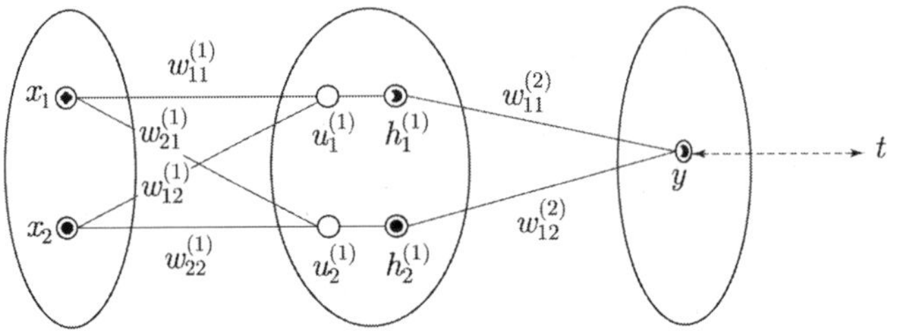

위 그림에서 $w_{ij}^{(1)}$은 x_j에서 u_i로 가는 가중치이며, $w_i^{(2)}$는 u_i에서 y로 가는 가중치이다. LBF를 사용하여 입력층에서 은닉층으로 전달되는 양은 다음 식으로 계산된다.

$$u_1^{(1)} = b_{10}^{(1)} + w_{11}^{(1)} x_1 + w_{12}^{(1)} x_2 \,,\ u_2^{(1)} = b_{20}^{(1)} + w_{21}^{(1)} x_1 + w_{22}^{(1)} x_2 \,.$$

로지스틱 함수를 사용하여 은닉층 노드에 저장되는 양은 다음 식으로 계산된다.

$$h_1^{(1)} = \frac{1}{1+\exp(-u_1^{(1)})} \,,\ h_2^{(1)} = \frac{1}{1+\exp(-u_2^{(1)})}$$

은닉층에서 출력층으로 전달되는 양은 다음 식으로 계산된다.

$$y = b_{10}^{(2)} + w_{11}^{(2)} h_1 + w_{12}^{(2)} h_2 \,.$$

가중치값들이 $w_{11}^{(1)} = 0.1,\ w_{12}^{(1)} = 0.5,\ w_{21}^{(1)} = 0.2,\ w_{22}^{(1)} = 0.5,\ w_{11}^{(2)} = 0.4\,,\ w_{12}^{(2)} = 0.1$로 주어져 있고, 상수항이 $b_{10}^{(1)} = 0 = b_{20}^{(1)} = b_{10}^{(2)}$으로 주어져 있다고 하자. 주어진 입력변수값이 $(x_1 = 1,\ x_2 = 2)$이고, 목적변수값이 $t = 0.4$이다.

은닉층으로 전달되는 값은 $u_1^{(1)} = 1.1,\ u_2^{(1)} = 1.2$이고, 노드에 저장되는 값은 다음과 같다.

$$h_1^{(1)} = \frac{1}{1+\exp(-1.1)} = 0.750,\ h_2^{(1)} = \frac{1}{1+\exp(-1.2)} = 0.769$$

출력변수값과 출력오차는 각각 다음과 같다.

$$y = b_{10}^{(2)} + w_{11}^{(2)} h_1^{(1)} + w_{12}^{(2)} h_2^{(1)} = 0 + (0.4)(0.75) + (0.1)(0.769) = 0.3769,$$

$$E = t - y = 0.4 - 0.3769 = 0.0231.$$ ∎

8.3 역전파법

역전파법이란 오차공간(error space)에서 출력오차를 최소로 하는 가중치 값을 찾는 기법이다. 학습자료에 의한 최적 가중치 학습방법으로 **순차적 학습방법**(sequential mode)과 **일괄 학습방법**(batch mode)이 있다. 순차적 학습방법은 입력 자료를 하나씩 읽어가며 역전파법에 의하여 가중치를 변화시켜 가는 것이며, 일괄 학습방법은 입력 자료를 전부 읽은 후 역전파법에 의하여 가중치를 한꺼번에 변화시켜 가는 것이다. 순차적 학습방법은 일괄 학습방법보다 가중치의 수렴속도가 빠른 장점이 있어 선호되는 학습방법이다. 이 절에서는 순차적 학습방법에 대하여 설명하기로 한다.

오차공간이란 주어진 가중치 값들에 대하여 다음의 식으로 계산되는 **평가함수**(출력오차)로 이루어진 공간이다. 일괄 학습방법을 선택한다면 오차공간은 다음 식으로 계산된다.

$$E(w) = \frac{1}{2}\sum_{n=1}^{N}\sum_{i=1}^{M}(t_{i,n} - y_{i,n})^2.$$

여기에서 n은 전체 자료 수 N에서 n번째 자료를 뜻하며, M은 목적변수의 수이고, $t_{i,n}$은 실제값이며, $y_{i,n}$은 가중치 w들이 주어진 신경회로망에 의하여 계산된 출력값이다.

평가함수는 가중치 w 값에 따라 변화하며 [그림 8.3.1]의 왼쪽 그림처럼 가중치 값들에 대한 오차공간이 만들어진다. 역전파법은 평가함수 $E(w)$가 최대로 작아지도록 가중치 w 값을 찾아가는 반복과정으로 이루어진다. 그러므로 역전파법은 오차곡면을 등고선이 그려진 계곡으로 본다면 [그림 8.3.1]의 오른쪽 등고선도(contour chart)에 그려진 경로처럼 계곡의 가장 밑으로 내려가는 길을 찾는 방법인 것이다. 적당한 범위 내에서 임의로 가중치의 초기치를 정하고 오차공간의 곡면을 타고 밑으로 내려가도록(평가함수값 $E(w)$가 작아지도록) 가중치 w의 값을 변화시켜 간다. 이때 $E(w)$를 w에 대하여 미분하여, 내려가는 기울기를 구해야 하며, 내려가는 발걸음의 폭을 η라고 하면 다음의 식으로 변환이 이루어진다.

$$w \quad \Rightarrow \quad w - \eta \frac{\partial E}{\partial w}$$

이를 **최급강하법**(steepest descent method)이라고 한다. 최급강하법은 '장님 계곡 내려가기 방법'으로 인식하면 되며, 반응표면분석에서 최적 조건을 찾는 데에도 사용된다. 발걸음의 폭을 결정하는 η 의 크기에 대한 보편적인 법칙은 없으며, 문제에 따라 변화시켜가야 한다. 기울기를 구하기 위한 미분은 다음의 형태로 주어지는 미분의 연쇄규칙(chain rule)을 이용한다.

$$\frac{\partial E}{\partial w} = \frac{\partial E}{\partial y} \cdot \frac{\partial y}{\partial u} \cdot \frac{\partial u}{\partial \hat{u}} \cdot \frac{\partial \hat{u}}{\partial w}$$

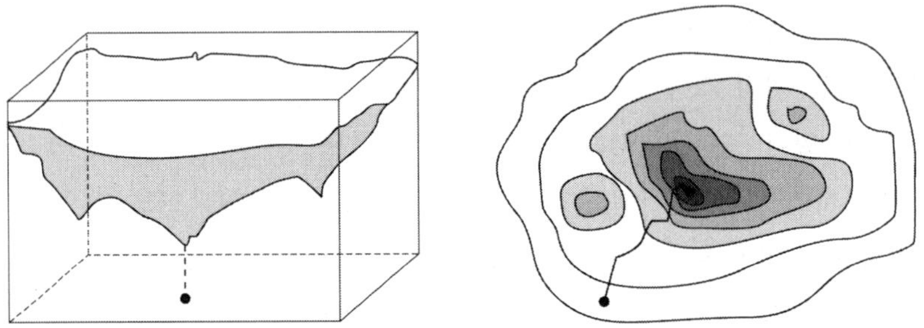

그림 8.3.1. 오차공간과 등고선 그림

예 8.3.1

역전파법 연습

[예 8.2.1]의 신경회로망에 대하여 역전파법에 의하여 가중치를 계산하는 과정을 살펴보자. [예 8.2.1]에서 보았듯이 입력으로부터 출력까지 계산되는 과정은 다음과 같다.

$$x_i \rightarrow u_j^{(1)} = b_{j0}^{(1)} + \sum_i w_{ji}^{(1)} x_i \rightarrow h_j^{(1)} = f(u_j^{(1)}) \rightarrow y = b_{10}^{(2)} + \sum_j w_j^{(2)} h_j^{(1)}$$

여기에서 $f(u)$는 로지스틱 함수이다. 자료가 한 개인 경우($N=1$)를 생각하자. 초기치 w가 주어지면, 다음을 계산하고, 변환된 결과를 초기치로 바꾸고 다시 계산하여 평가함수값이 최소가 되었다고 판단되면 반복을 중지한다.

(1) 주어진 가중치에 의한 평가함수값 계산: $E(w) = (y-t)^2$ 여기에서 t는 실제값이다.

(2) $\frac{\partial E}{\partial w_j^{(2)}}$ 의 계산: $j = 1, 2$ 에 대하여 $\frac{\partial E}{\partial w_j^{(2)}} = \frac{\partial E}{\partial y} \cdot \frac{\partial y}{\partial w_j^{(2)}} = \frac{\partial E}{\partial y} \cdot h_j$.

(3) $\dfrac{\partial E}{\partial w_{ji}^{(1)}}$ 의 계산: $i = 1, 2,\ j = 1, 2$ 에 대하여

$$\frac{\partial E}{\partial w_{ji}^{(1)}} = \frac{\partial E}{\partial u_j} \cdot \frac{\partial u_j}{\partial w_{ji}^{(1)}} = \frac{\partial E}{\partial y} \cdot \frac{\partial y}{\partial h_j} \cdot \frac{\partial h_j}{\partial u_j} \cdot x_i = \frac{\partial E}{\partial y} \cdot w_j^{(2)} \cdot f'(u_j) \cdot x_i .$$

로지스틱 함수의 도함수는 $f'(u) = f(u)(1 - f(u)) = h(1 - h)$ 인 간단한 형태이므로

$$\frac{\partial E}{\partial w_j^{(2)}} = (y-t) \cdot h_j,\quad \frac{\partial E}{\partial w_{ji}^{(1)}} = (y-t) \cdot w_j^{(2)} \cdot h_j(1-h_j) \cdot x_i$$

가 된다. 여기에 η 값이 주어지면 $w \Leftarrow w - \eta \dfrac{\partial E}{\partial w}$ 의 계산으로 가중치값들을 변화시킨다. ∎

[예 8.3.1]의 계산을 일반적인 구조를 지닌 신경회로망으로 확장시켜보자. 은닉층의 수가 $K-1$ 개인 경우를 생각해 보자.

$k = 1, 2, \cdots, K$ 에 대하여

(1) $h_i^{(k-1)}$ 는 $k-1$ 번째 은닉층에서 i 번째 노드의 값이고,

(2) $\widehat{h_j}^{(k)}$ 는 k 번째 은닉층 j 번째 노드에 대한 정보전달함수값이다.

즉, LBF인 경우에는 $\widehat{h_j}^{(k)} = \sum_i w_{ji}^{(k)} h_i^{(k-1)}$ 이다.

(3) $h_j^{(k)} = f_k(u_j^{(k)})$ 는 정보활성화함수에 의하여 k 번째 은닉층에서 j 번째 노드에 저장된 값이다.

(4) $p_j^{(k)} = \dfrac{\partial E}{\partial u_j^{(k)}}$ 라고 정의하면, $\dfrac{\partial E}{\partial w_{ji}^{(k)}} = p_j^{(k)} \cdot h_i^{(k-1)}$ 가 된다.

그러므로 $p_j^{(k)}$ 값들이 구해지면 $\dfrac{\partial E}{\partial w_{ji}^{(k)}}$ 이 계산된다. 미분의 연쇄법칙을 다시 적용하면

$$p_i^{(k-1)} = \frac{\partial E}{\partial u_i^{(k-1)}} = \sum_j \frac{\partial E}{\partial u_j^{(k)}} \cdot f'(\widehat{h_i}^{(k-1)}) \cdot w_{ji}^{(k)}$$

이므로

$$p_i^{(k-1)} = \sum_l p_l^{(k)} \cdot f'(u_i^{(k-1)}) \cdot w_{li}^{(k)}$$

가 된다. 즉, $p_j^{(k)}$ 값들이 구해지면 $p_i^{(k-1)}$ 을 구할 수 있다. 은닉층의 수가 $K-1$ 이므로, 출력값을 만드는 마지막 층에 해당하는 $p_i^{(K)}$ 는

$$p_i^{(K)} = (y_{in} - t_{in}) \cdot f'(\hat{y}_{in})$$

으로 계산되므로 거꾸로 계산해 가면 $p_i^{(k)}$ 의 값들을 구할 수 있다. 그러므로 이 방법을 역전파법이라고 하는 것이다. 요약하면 역전파법의 학습은 다음의 과정이 반복하여 이루어진다.

(1) 전향 계산 단계(forward computing): 주어진 가중치에 의하여 각 층의 노드 값들을 계산하는 과정으로 $h_i^{(k)},\ k = 1, \cdots, K$,들과 E 값을 계산한다.

(2) 역전파 단계: 가중치들의 gradient를 구하는 과정

$$p_i^{(k)} = \sum_j p_j^{(k+1)} \cdot f'(\hat{h}_i^{(k)}) \cdot w_{ji}^{(k+1)} \text{ 를 계산하여,}$$

$$\frac{\partial E}{\partial w_{ji}^{(k)}} = p_j^{(k)} \cdot h_i^{(k-1)} \text{ 를 구한다.}$$

(3) 가중치 변환 단계:

$$\Delta w_{ij(r)}^{(k)} = \eta \frac{\partial E}{\partial w_{ij(r)}^{(k)}} \quad \Rightarrow \quad w_{ij(r+1)}^{(k)} = w_{ij(r)}^{(k)} - \Delta w_{ij(r)}^{(k)}$$

역전파법에서 (1) 올바른 탐색공간을 결정하여야 하고, (2) 가중치 변화량 η 의 결정에 유의하여야 하며, (3) 최적해가 극소치(local minimum)로 빠지는 위험을 없애기 위하여 다양한 초기치를 고려해야 하고, (4) 계산시간을 고려한 신경회로망 구조를 신중히 결정해야 한다. 반복 중지조건으로는 반복 r 번째 RMSE(r)와 $r+1$ 번째 RMSE(r+1)의 상대적 변화량이 주어진 허용오차(tolerance)보다 작아지면 반복을 중지한다.

학습 자료에 의하여 최적 가중치가 결정되면, 새로운 입력에 대한 출력값(신경회로망 추정값)은 최적 가중치들이 주어진 전향 계산 단계에 의하여 계산하면 된다.

역전파 알고리즘

```
Initialization:
DO r =1 to Epoch_size;
    DO n =1 to Training_size;
        Forward_computing;
        Back-propagation and Change-weights;
    CONTINUE;
    Stop_checking;
CONTINUE;
Save_weights;
END;
```

Initialization : 각 가중치에 대하여 임의로 초깃값을 부여하는 단계
Epoch_size = 최대 반복 횟수
Training_Size = 학습자료의 총 레코드 수 = N
Forward_computing = 주어진 입력값과 가중치에 의하여 출력값을 계산하는 단계
Back_propagation = 역전파 알고리즘에 의하여 가중치의 gradient를 구하는 단계
Change_weights = 가중치를 updating하는 과정
Stop_checking = 가중치와 RMSE 변화량을 이용하여 반복 중단을 검사하는 단계
Save-weights = 최종 가중치를 저장하는 단계

예 8.3.2

신경회로망 연습

입력변수 하나, 출력변수 하나, 은닉층 하나인 신경회로망을 연습하기 위하여 다음과 같은 모의실험자료 (x, y)를 50개 생성하였다.

$$y = \sqrt{x} + e$$

여기에서 $x \sim Unif(0,100)$, $e \sim N(0,1)$이다. 은닉층의 노드 수는 4개로 구성된 신경회로망을 적합시켰다. 또한 추정된 신경회로망을 이용하여 새로운 x 값(1, 11, 21,⋯, 91)에 대한 y 값을 추정하였다.

① R 프로그램

```
## neural networks

library("neuralnet")
set.seed(123456)

train.in <-  runif(50, 0, 100)
train.out <- sqrt(train.in) + rnorm(50)
```

```
train.data <- as.matrix(cbind(train.in,train.out))
colnames(train.data) <- c("Input","Output")

# training
net <- neuralnet(Output~Input,train.data, hidden=4)
plot(net)

summary(net)
train.result <- unlist(net$net.result)
train.err = net$response - train.result
train.results <- as.matrix(cbind(net$response,train.result,train.err))
colnames(train.results) <- c("Target","Output","Err")
options(digits=4)
train.results
net$weights

# test
test <- seq(1,100,10)
net.res <- compute(net, test)
diff <- sqrt(test)-net.res$net.result
output <- cbind(test,sqrt(test),net.res$net.result,diff)
colnames(output) <- c("Input","Expected","Predicted","Difference")
round(output[seq(1,10),],6)
```

② 편의와 가중치에 대한 추정치

아래 그림에서 ①과 노드(○) 연결선의 수치가 편의(bias)이며, ○와 ○ 연결선의 수치가 해당 가중치의 추정값이다.

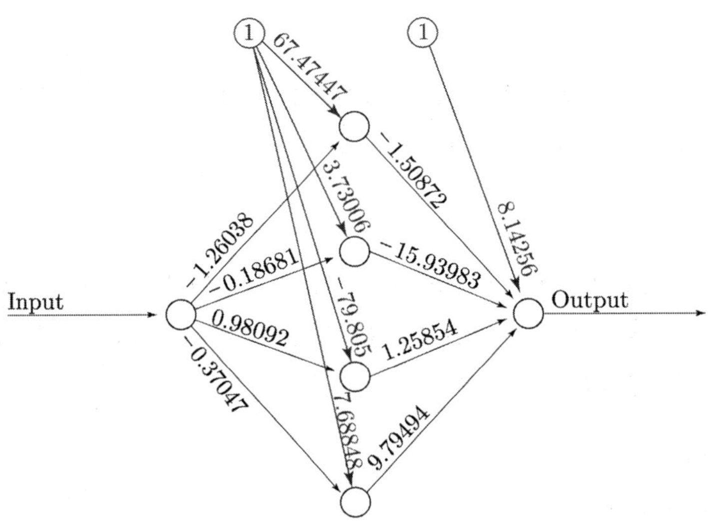

③ 목적변수값, 신경회로망으로 추정된 출력치, 오차(목적변수값-출력치)

```
  Target Output     Err
1  8.505  8.363 0.14166
2  8.697  8.146 0.55186
3  6.960  6.212 0.74797
```

```
4   6.816  5.650  1.16576
5   5.390  5.924 -0.53412
6   3.598  4.288 -0.69056
7   7.383  7.335  0.04841
8   2.061  2.357 -0.29648
9   7.190  9.401 -2.21092
10  2.964  4.323 -1.35912
...   ...    ...      ...
40  8.381  8.134  0.24699
41  4.502  3.876  0.62584
42  8.415  8.143  0.27252
43  9.486  9.401  0.08581
44  4.942  4.692  0.25017
45  6.441  6.703 -0.26170
46  7.895  6.441  1.45460
47  8.148  8.118  0.03012
48  6.803  8.143 -1.34009
49  8.673  8.140  0.53299
50  4.576  5.933 -1.35734
```

④ Test 자료에 대한 결과

(Input=새로운 x값, Expected= $\sqrt{x}$, Predicted=신경회로망 출력값,
Difference=Expected-Predicted)

```
      Input Expected Predicted Difference
 [1,]     1    1.000    0.9305    0.06952
 [2,]    11    3.317    2.7461    0.57052
 [3,]    21    4.583    4.1043    0.47825
 [4,]    31    5.568    5.0487    0.51906
 [5,]    41    6.403    6.3319    0.07122
 [6,]    51    7.141    6.6451    0.49632
 [7,]    61    7.810    8.1350   -0.32472
 [8,]    71    8.426    8.1415    0.28469
 [9,]    81    9.000    8.6624    0.33761
[10,]    91    9.539    9.4010    0.13842
```

▮

8.4 연습문제

8.1 신경회로망의 적용사례를 세 가지 이상 조사하고 장단점을 토론하시오.

8.2 종속변수가 하나이고 설명변수가 둘인 경우의 자료를 조사 수집하여 다음을 수행하시오.

(1) 중회귀모형으로 분석하고 추정치와 RMSE(root mean square error)를 구하시오.

(2) 2－3－3－1 구조(2개 입력변수, 노드가 3개씩인 은닉층 2개, 1개 출력변수)로 이루어진 신경회로망으로 추정치와 RMSE를 구하시오.

(3) (1)과 (2)의 결과를 비교하시오.

(4) 신경회로망의 은닉층의 수와 각 은닉층의 노드의 수를 변화시켜가며 추정치의 변화를 살펴보고 최적 구조를 찾도록 하시오.

8.3 시간의 흐름에 따라 관찰되는 시계열에서 원인과 결과의 역할을 하는 두 가지의 시계열을 조사 수집하여 신경회로망으로 다음 시점에 대한 예측모형을 만들려고 한다.

(1) 입력변수는 어떻게 구성되는가?

(2) 신경회로망의 은닉층의 수와 각 은닉층의 노드의 수를 변화시켜가며 추정치의 변화를 살펴보고 예측을 위한 최적 구조를 찾도록 하시오.

9장

유전자 알고리즘

9.1 유전자 알고리즘이란 무엇인가?

유전자 알고리즘(genetic algorithm, GA)은 생물의 진화 원리로부터 착상된 확률적 탐색 기법이다. 1960년대에 시작된 유전자 알고리즘은 1985년부터 개시된 유전자 알고리즘에 관한 국제회의나 **인공생명**(artificial life)이라고 불리는 연구영역의 출현에 커다란 영향을 받아 점차 관심이 높아져 왔다.

인공지능(artificial intelligence)에서 문제를 해결하기 위한 해결책을 찾는 데 탐색은 상당히 중요하다. 일반적으로 인공지능을 이용하는 문제들은 탐색해야 할 공간이 매우 크기 때문이다. 예를 들어, 순회판매원 문제를 푼다고 할 때 방문할 도시가 30개만 되더라도 30! 가지가 있기 때문에 많은 시간이 소비된다. 유전자 알고리즘은 탐색공간이 크거나 분석적으로 해를 찾을 수 없는 문제에 대한 해결책을 제시하고 있다. 유전자 알고리즘은 선택적 도태나 돌연변이 같은 생물진화의 원리로부터 착안된 알고리즘으로 확률적 탐색, 학습, 최적화를 위한 기법이다.

유전자 알고리즘은 초기에는 최적화 문제가 주류를 이루었으며, Goldberg(1989)에 의하여 유전자 알고리즘이 체계적으로 정리되었다. 가스 파이프라인 제어 최적화, 쇼핑 계획, 통신 네트워크의 설계, 철도회사의 배송계획 최적화, 전투기 보수계획의 최적화 등에도 응용되었다. 유전자 알고리즘은 적용 범위가 넓어지고 있으며, 관련 기법의 연구도 계속되고 있다. 개략적으로 유전자 알고리즘을 설명하면 다음과 같다.

(1) 문제에 맞는 **염색체**(chromosome)의 구조를 정의하고 그 유전자의 적합도(fitness)를 따지는 함수를 설계한다. 또 문제에 맞는 유전자 조작을 정의한다.
(2) 초기 모집단을 생성한다. 이때 모집단의 숫자도 제한한다.
(3) 모집단을 가지고 유전자 조작을 한다.
(4) 조작된 유전자들의 염색체들에 대하여 적합도를 나타내는 **평가함수**(evaluation function)를 사용하여 평가한다
(5) 설정된 확률에 따라 평가점수가 높은 유전자들의 모집단에서의 비율을 높이고 낮은 점수들은 없앤다.
(6) 확률에 의하여 점수가 높은 순서대로 복제과정을 통해 더욱 많은 **자기복제**를 하고 **교배**를 통해 새로운 모집단을 생성한다. 즉, 복제와 교배 과정을 반복하면서 높은 점수를 가지는 유전자들을 계속 확장시켜 나간다.

(7) 확률에 의하여 **돌연변이**를 만들어 탐색 영역을 확장하여 국지해(local minima)에 빠질 위험을 제거시킨다.

유전자 알고리즘은 **최적화 문제**(optimization problem)의 해결에 주로 사용된다. 최적화 문제란 주어진 탐색공간에서 주어진 함수값을 최소(또는 최대)로 하는 값을 찾는 것이다. 신경회로망은 국지해에 빠질 수 있는 위험이 있으나 유전자 알고리즘은 이를 해결할 수 있는 구조로 이루어져 있는 장점이 있다.

9.2 유전자 조작과 유전자 알고리즘

유전정보는 염색체를 통하여 이루어지는데, 염색체란 유전자에 의한 기호적 정보의 표현을 뜻하며, 유전자의 **복제**(copy)에 의하여 증식되고, **교배**(cross-over)와 **돌연변이**(mutation)에 의하여 새로운 유전자가 생성된다. 뿐만 아니라 환경 적응도에 따른 개체간의 경쟁과 자손의 수가 결정된다. 유전자 조작에서는 다음의 사항을 가정하고 있다.

(1) 유전자의 변이 발생률은 예측할 수 있으나, 각 개체변이는 유연한 사건으로 본다. 즉, 확률을 고려하여 조작한다.
(2) 변이 유전자는 자기복제(세포분열)와 교배를 통하여 전이한다. 즉, 시간의 흐름을 고려하여 조작한다.
(3) 좋은 형질의 유전자는 재생 확률이 상대적으로 높다. 즉, 좋은 형질을 판단하는 평가함수를 계산하여 조작한다.

교배는 부모의 염색체를 조합하여 서로 바꾸어 자손의 염색체를 만드는 조작이다. 가장 단순한 방법은 교배하는 위치를 하나 결정하고 그 앞과 뒤에서 어느 쪽 부모의 유전자형을 받을 것인가를 변경시키는 방법이다. 이것을 **1점 교배**라고 한다. 아래는 교배위치가 5인 1점 교배의 예이다.

개체 A 1 0 0 1 **1 1 1** ⇒ 1 0 0 1 0 0 0
개체 B 0 0 1 1 0 0 0 ⇒ 0 0 1 1 **1 1 1**

다른 방법으로는 **복수점 교배**가 있다. 복수점 교배는 교배위치가 복수인 방식이다. 예를 들어, 교배 위치가 3과와 6이라면 새로운 개체의 하나는 개체 A의 앞에서 두 번째까지, 개체 B의 세 번째부터 다섯 번째까지, 개체 A의 여섯 번째로부터 마지막까지 유전자가 만들어진다. 동시에 그 반대의 조합에 의해서 또 다른 하나의 새로운 개체의 유전자가 만들어진다.

개체 A	1 0	**0 1 1**	1 1	⇒	1 0	1 1 0	1 1
개체 B	0 0	1 1 0	0 0	⇒	0 0	**0 1 1**	0 0

변이는 유전자를 일정한 확률로 변화시키는 조작이다. 돌연변이를 너무 큰 변이확률로 설정하면 평가함수값이 작아지는 경우도 생기게 되지만 오히려 커지는 경우도 생긴다. 돌연변이가 없는 경우에는 초기 유전자 조합 근처 공간밖에 탐색할 수 없어 국소해에 빠지는 문제가 발생한다. 일반적으로 돌연변이는 고정된 확률로 각 유전자가 변화하도록 설정하지만 변이율을 동적으로 변화시키는 기법도 있다. 변이 위치가 3이고 확률에 의하여 변이가 일어나기로 선택된 경우 다음의 결과가 된다.

개체 1 0 **1** 1 0 1 1 ⇒ 1 0 **0** 1 0 1 1

이러한 유전자 조작을 문제에 맞게 정의하는 것 이외에 고려해야 할 사항들이 많다. 적합도 함수의 설계나 모집단의 크기를 정하는 일들도 유전자 조작 못지않게 중요하다. 유전자 알고리즘의 가장 어려운 점은 바로 수렴되는 시기를 결정하는 일이다. 즉 어느 정도가 지나야 우리가 만족할 수 있는 해를 구할 수 있느냐는 것을 결정하는 일이다. 이를 위하여 다음과 같은 다양한 방법이 존재할 수 있다.

(1) 반복 횟수를 정의한다. 즉 전체 과정이 몇 번 반복되었느냐에 따라 수렴을 결정하는 방법이다.
(2) 확률적으로 정의한 교배나 변이의 발생 수 또는 두 가지 모두에 대한 발생 횟수를 정의한 다음 그 수에 도달하면 끝낸다.
(3) 어떤 유전자들이 일정한 평가함수값 이상을 가지면 끝낸다.

유전자 알고리즘은 유전정보를 각 개체의 $X = (x_1, x_2, \cdots, x_N)$ 로 나타내면 x_i 는 유전자가 되고, X 는 염색체가 된다. 유전자 알고리즘의 목적이 M 개의 개체로부터 만들어진 개체집합(population) P 에 대하여 유전 연산자에 의한 유전적 조작을 하여 적합도가 높은 염색체 X' 들의 집합 P' 를 만드는 것이고, 유전 연산자에 의하여 $P(t)$ 가 유전자 조작되어 다음 세대 $P(t+1)$ 이 형성된다. 이러한 과정을 구현하기 위한 유전자 알고리즘의 개발 과정을 알아보자.

유전자 알고리즘의 준비 과정

[단계 1] 표현식(representation scheme)의 결정: $X = (x_1, x_2, \cdots, x_N)$

표현식이란 탐색공간 내 원소를 문자열로 대응시킨 것이다.

[단계 2] 평가함수의 결정

[단계 3] 모수와 변수들의 결정: M, G, P_r, P_c, P_m

(개체집합의 크기, 최대 세대수, 재생확률, 교차확률, 변이확률)

[단계 4] 최적해 지정 방법 및 프로그램 정지 판단 기준 결정

유전자 알고리즘 실행과정

[단계 5] 초기화 단계: 임의로 초기 개체집합 $P(0)$구성

[단계 6] 진화 단계: $t = 0, 1, \cdots , G$

(복제) $P(t)$에 복제연산자를 적용(확률 사용)하여 $P'(t)$ 생성

(교배) $P'(t)$에 교배연산자를 적용(확률 사용)하여 $P''(t)$ 생성

(변이) $P''(t)$에 변이연산자를 적용(확률 사용)하여 $P(t+1)$ 생성

(평가) $P(t)$내의 각 염색체에 대하여 평가함수값 계산

(선택) 평가함수값 기준으로 강한 염색체만 선택

[단계 7] 정지 단계: 정지 판단 기준에 의하여 정지한 후 최대 적합도를 갖는 개체를 지정하고 문제의 해로 결정한다.

유전자 알고리즘을 완성하기 위해서 개체집단의 크기, 복제 확률, 교배 확률, 돌연변이 확률, 교배 위치와 형태, 돌연변이 위치 등이 결정되어야 한다. 이 값들은 모든 문제에 대하여 보편적으로 만족하는 값이 없으므로 분석 대상이 되는 자료의 특성에 따라 다양하게 변화시켜야 한다.

예 9.2.1

함수의 최적화

$x \in [-1.0, 2.0]$ 일 때 $f(x) = x\sin(10\pi x) + 1.0$ 을 최대로 하는 x 값을 소수점 6 자리까지의 정밀도로 구하시오.

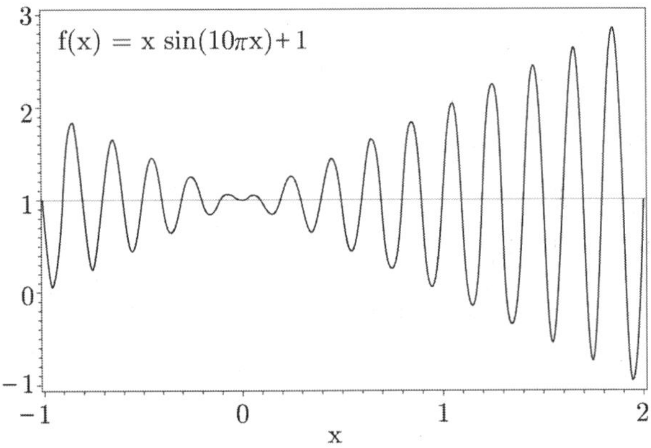

풀이

GA 준비과정

[단계 1] 표현식의 결정: 변수 x의 실수값을 표현하는 염색체로서 이진 벡터를 사용한다. 벡터의 길이는 요구되는 정밀도에 의하여 결정한다. 변수 x의 정의역의 길이는 3 이므로, 3 · 1000000 개의 동일한 간격의 점들 집합을 탐색 공간으로 한다.

$$2^{21} = 2097152 < 3000000 \leqq 4194304 = 2^{22}$$

이므로 염색체는 22 bits로 구성한다. x와 대응되는 이진스트링 $b = < b_{21}\, b_{20} \cdots b_0 >$ 을 구하여 염색체로 사용한다. 예를 들어, 이진스트링(1000101110110101000111)는 이진법 연산을 이용하여 10진수로 변환하면 $x^* = \sum_{i=0}^{21} b_i\, 2^i = 2288967$ 이 되고, 대응되는 실수값을 계산하면

$x = -1.0 + x^* \cdot 3 / (2^{22} - 1) = 0.637197$ 이 된다.

[단계 2] 평가함수의 결정: 함수값 $f(x)$를 사용

[단계 3] 모수와 변수들의 결정: M, G, P_r, P_c, P_m

- 염색체 개체집합의 크기 = 50
- 최대 세대수 = 40,
- 재생확률 = 1
- 교차확률 = 0.25 (교배위치 = 5)
- 변이확률 = 0.01 (변이위치 = 임의로)

[단계 4] 최적해 지정방법 및 프로그램 정지 판단 기준 결정: 소수 여섯 번째 자리까지 변화 없으면 정지한다.

GA 실행과정

[단계 5] 초기화 단계: 난수를 이용하여 임의로 초기 개체집합 50개를 생성하여 $P(0)$를 구성한다.

[단계 6] 진화 단계: $t=0, 1, \cdots, G$

(복제) $P(t)$에 복제연산자를 적용하여 $P'(t)$를 생성한다. 이 경우는 확률이 1이므로 전부 복제한다.

(교배) $P'(t)$에 교배연산자를 적용하여 $P''(t)$를 생성한다. 난수를 이용하여 교배형태를 결정한다.

(변이) $P''(t)$에 변이연산자를 적용하여 $P(t+1)$를 생성한다. 난수를 이용하여 돌연변이 위치를 결정하고 돌연변이 여부를 결정한다.

(평가) $P(t+1)$내의 각 염색체에 대하여 평가함수값을 계산하여 상위 50개만 남긴다. 개체집합 $P(t+1)$에 대한 평가는 $P(t+1)$내의 각 염색체의 평가함수값 중에서 최댓값 $P^*(t+1)$을 고려한다.

[단계 7] 정지 판단 기준: $p^*(t)$ 와 $p^*(t+1)$ 의 값의 차이가 10^{-6} 보다 작으면 진화를 정지하고 최대 평가함수를 갖는 개체를 해로 결정한다.

(1) R 프로그램

```
## genetic algorithm

# function for computing f(x)
# x.b = binary vector, x.d = decimal value in [-1,2]

funs <- function(x.b) {
      x.d = -1 + sum(x.b*2^seq(0,21))*3/(2^22-1)
      y = x.d*sin(10*pi*x.d)+1
      return(c(x.d, y))
}

# root generation

set.seed(12345)
M <- 50; G <- 40; PC <- 0.25; PM <- 0.01
x.b <- matrix(sample(0:1,22*M,replace=TRUE),ncol=22)
                                    # to generate chromosomes of 0 generation
eval <- apply(x.b,1,funs)           # to compute values of evaluation function
fx <- t(eval)                       # to transpose
max.fx <- max(fx[,2])               # to find maximin value
xhat <- fx[which.max(fx[,2]),1]     # to find x = argmax f(x)

# initial values for variables

N <- 0
diff <- 10
results <- c(N, xhat, max.fx)
```

```
# evolutionary process

while (N < G || abs(diff) > 1e-6) {          # looping rule
   nxt <- rep(0,22)                          # platform for new chromosome
   for (i in 1:(M-1)) {
       for (j in (i+1):M) {
           nx <- rbind(x.b[i,],x.b[j,])      # select two rows
           ss <- (runif(3) < c(PC,PM,PM))    # probabilities
           if (ss[1]) {                      # cross-over
              nx[1,]<-c(x.b[i,1:17],x.b[j,18:22])
              nx[2,]<-c(x.b[j,1:17],x.b[i,18:22])
           }
           if (ss[2]) {
              r<-sample(1:22,1)              # to select position for mutation
              nx[1,r] <- 1-nx[1,r]           # mutation for group 1
           }
           if (ss[3]) {
              r<-sample(1:22,1)              # to select position for mutation
              nx[2,r] <- 1-nx[2,r]           # mutation for group 2
           }
           if (sum(abs(nx[1,]-x.b[i,]))>0) nxt <- rbind(nxt, nx[1,])
           if (sum(abs(nx[2,]-x.b[j,]))>0) nxt <- rbind(nxt, nx[2,])
       }
   }

   nxx <- rbind(x.b,nxt)                     # new chromosome
   fxx <- t(apply(nxx,1,funs))               # to compute f(x) and to transpose
   diff <- max.fx - max(fxx[,2])             # to compute change amounts
   if (max.fx < max(fxx[,2])) {              # to change max f(x) and argmax
      max.fx <- max(fxx)
      xhat <- fxx[which.max(fxx[,2]),1]
   }
   x.b <- nxx[order(fxx[,2],decreasing=T)[1:M],]
              # to sort f(x) in decreasing order and to select 50-best values
   N <- N +1
   results <- rbind(results, c(N, xhat, max.fx))    # to add new results
}

results[seq(1,41,2),]
```

(2) 결과

① 평가함수값의 변화량이 10^{-6} 이하일 때까지 반복한 결과는 아래와 같다. 진화는 14세대까지였다.

② 추정된 최대 평가함수값은 2.850274이다.

③ 해당 최적해는 1.850532이다.

④ 아래 표에서 평가함수값의 변화를 살펴보라.

세대번호	세대 최적해	평가함수값
0	1.637309	2.508884
2	1.850080	2.850074
4	1.850127	2.850113
6	1.850172	2.850145
8	1.850435	2.850262
10	1.850444	2.850264
12	1.850532	2.850274
14	1.850532	2.850274

∎

예 9.2.2

그래프 색칠하기

그래프 색칠하기 문제는 링크로 연결된 인접한 두 노드의 색을 다르게 칠하는 문제로 인접된 두 노드의 색이 서로 달라야 한다는 조건을 만족시키는 해를 찾는 CSP(condition satisfaction problem)의 하나이다. 그래프 칠하기 문제는 크게 두 가지 부류로 나눌 수 있다. 하나는 최적화 문제로 설정된 그래프 G와 색의 수 K에 대해서 K개의 색을 이용하여 그래프 G를 칠하는 것이 가능한가를 결정하는 문제이다. 유전자 알고리즘을 이용하여 문제를 풀 때 고려하는 사항은 설정된 그래프와 색을 이용하여 그래프를 칠하는 것이 가능하다면 가능한 해를 찾고 가능하지 않다면 그래프 칠하기의 조건을 가능한 한 위배하지 않는 최적의 그래프 칠하기 해를 찾는 것이다.

예 9.2.3

순회판매원 문제(traveling salesman problem)

순회판매원 문제는 1759년 Euler에 의하여 중세기사들의 순례문제로 제기되었다. 1959년 RAND회사에 의하여 최적화 문제로 제기되어 관심을 끌게 되었다. 순회판매원는 판매원이 n 개의 주어진 도시를 모두 방문하면서도 전체 여행 경로를 최소화하는 길을 찾는 문제로 알려져 있다. 순회판매원 문제는 쓰레기 수거 차량의 이동 경로와 물품수송 경로를 최소화하는 문제 등 유사한 목적으로 다양한 분야에서 활용이 되고 있다. 이것은 가중치를 가진 그래프에서 가중치합이 최소가 되는 해밀턴 경로를 찾는 최적화 문제이다. 해밀턴 경로는 그래프 또는 방향을 가진 그래프에서 모든 정점을 딱 한번만 통과하는 경로를 뜻한다.

9.3 연습문제

9.1 유전자 알고리즘의 적용사례를 조사하여 토론하시오.

9.2 다음 함수를 최대로 하는 (x_1, x_2)값을 유전자 알고리즘으로 구하시오.

$$f(x_1, x_2) = 10 + x_1 \cdot \sin(2\pi x_1) + x_2 \cdot \cos(3\pi x_2)$$

여기에서 $0 \leqq x_1 \leqq 5$, $-1 \leqq x_2 \leqq 1$ 이다.

9.3 순회판매원 문제를 해결하는 유전자 알고리즘을 기술하시오.

10장

칼만필터링

10.1 칼만필터링이란 무엇인가?

자연계에서 나타나는 시계열은 많은 경우 직전의 상태와 밀접한 관계를 갖으면서 끊임없이 변화하는 형태를 보이고 있어 선형모형으로는 예측의 정확도를 높이는 데 한계가 있다. 실제와 닮은 모형이 더 우수하다는 원칙에서 동적모형에 대한 연구와 적용이 예보의 정확성을 높여줄 것이다.

칼만필터 모형은 공정제어를 위하여 Kalman(1960)이 제안한 알고리즘으로, 시간의 흐름에 따라 모형식이 변화하는 동적 모형(dynamic model)으로 선형과 비선형의 중간 형태를 지니고 있다. 예측 문제도 해결하는 등 여러 가지 장점이 있어, 경제 예측, 신호 처리, 기상 예보 등 응용 범위가 매우 넓은 동적 모형이다. 일반적으로 칼만 필터 모형은 다음의 생성 구조로 이루어진다.

(1) 초기치가 필요하다.
(2) 주어진 **상태방정식**(state equation)에 의하여 전 상태로부터 내적오차와 합하여 현 상태값이 결정되며,
(3) 주어진 **출력방정식**(output equation)에 의하여 고려된 입력변수값과 동적회귀계수 역할을 하는 현 상태의 내적과 출력오차의 합 형태로 관측치가 생성된다는 가정 아래 구성된 모형으로,
(4) 새로운 관측치가 얻어지면, 모형이 **최신화**(updating)되도록 알고리즘이 주어져야 한다.

F_t, G_t, W, V, m_0, C_0, $t=1,2,\cdots$,가 주어진 경우 다음의 생성식으로 이루어진 모형식을 칼만필터 모형이라고 한다.

$$\begin{aligned}
&(\text{초기 분포}) \quad \theta_0 \sim N(m_0, C_0) \\
&(\text{상태방정식}) \quad \theta_t = G_t \theta_{t-1} + w_t, \quad w_t \sim N(0, W) \\
&(\text{출력방정식}) \quad Y_t = F_t \theta_t + v_t, \quad v_t \sim N(0, V)
\end{aligned}$$

여기에서 θ_t 는 상태벡터(state vector)이다. G_t 는 전상태 θ_{t-1} 를 현상태 θ_t 로 변화시키는 전이행렬(transition matrix)이며, w_t 는 내적오차벡터(innovational error vector)이다. Y_t 는 관측치(observation), F_t 는 상태벡터가 관측치에 영향을 주는 설명변수들로 이루어진 입력벡터(input vector)로 행벡터이다. v_t 는 출력오차(output error)이다. θ_{t-1} 과 w_t 는 독립이며, θ_t 는

v_t 와 독립이고, 두 오차는 서로 독립이다.

칼만필터 모형은 두 개 이상의 선형식의 모임으로 연결되어 있으므로 전체적으로는 비선형적 특성을 지니고 있고, 각 식은 선형모형이므로 모형의 설명력과 예측력이 우수하며, 이론적 전개가 용이하다.

예 10.1.1

시간에 따라 생성되는 종속변수가 하나이며 설명변수가 두 개인 선형모형을 생각해 보자.

(1) 회귀모형은 회귀계수가 미지의 상수인 경우로 정적 모형이다.
즉, $Y_t = m_0 + m_1 X_{1t} + m_2 X_{2t} + v_t$ 인 형태가 된다.

(2) 회귀동적모형은 회귀계수가 시간에 따라 변화하는 경우로 동적 모형이다. 즉, $Y_t = m_{0t} + m_{1t}\, X_{1t} + m_{2t}\, X_{2t} + v_t$ 인 형태가 되며, 각 회귀계수들을 함수 형태로 추정해 주어야 한다.

(3) 회귀동적선형모형은 회귀계수가 전 시점의 회귀계수에 의하여 결정되는 경우로 회귀동적모형의 특수한 경우가 된다. 예를 들어, 전이행렬이 단위행렬인 경우(상태 벡터가 임의보행인 경우) 다음의 형태를 지닌다.

$$\begin{cases} Y_t = m_{0t} + m_{1t}\, X_{1t} + m_{2t}\, X_{2t} + v_t \\ \theta_t = \begin{pmatrix} m_{0t} \\ m_{1t} \\ m_{2t} \end{pmatrix} = \begin{pmatrix} 1\,0\,0 \\ 0\,1\,0 \\ 0\,0\,1 \end{pmatrix} \begin{pmatrix} m_{0,t-1} \\ m_{1,t-1} \\ m_{2,t-1} \end{pmatrix} + \begin{pmatrix} w_{0t} \\ w_{1t} \\ w_{2t} \end{pmatrix} \end{cases}$$ ∎

10.2 칼만필터 모형의 종류

앞 절의 칼만필터 모형은 다양한 형태로 변화시켜 적용한다. 분석 변수의 동적 특성과 목적에 따라 구성요소들(전이행렬, 출력행렬, 상태벡터, 오차분산, 관측치)이 변화되기도 하고, 구성식이 여러 개로 표현되기도 한다. 응용에 편리한 여러 형태들을 살펴보자.

(1) 은닉 마코프 모형

Baum에 의해 제안된 은닉 마코프 모형(hidden Markov model)은 오차항이 없는 칼만필터 모형으로 다음 형태로 표현된다.

$$\begin{cases} \mu_t = G\mu_{t-1} \\ Y_t = F\mu_t \end{cases}$$

여기에서 전이행렬 G와 출력행렬 F는 시간에 따라 변화하지 않으므로, 상태방정식은 확률과정에서의 상태벡터 μ_t의 전이행렬이 G인 마코프 연쇄로 생각될 수 있다. 관측치 Y_t만 주어져 있고 상태 μ_t는 모르는(은닉된) 경우에 모수 G와 F를 추정하여 생성구조를 완성하는 과정을 이루어진다. 은닉 마코프 모형은 범주형 자료에도 적용이 가능하며, 신호처리에 바탕을 두고 있는 음성인식, 영상인식, 문장 인식에 널리 사용되고 있는 통계적 기법이다.

(2) 일차 칼만필터 모형

일차 칼만필터 모형(simple Kalman filter model)은 오차항을 포함한 칼만필터 모형 중 가장 간단한 형태로 t 시점의 상태열이 임의보행과정(random walk)으로 직전 상태값 주위에서 흔들리며 변화할 때 사용한다.

$$\begin{cases} \mu_t = \mu_{t-1} + w_t \\ Y_t = \mu_t + v_t \end{cases}$$

(3) 회귀 칼만필터 모형

회귀 칼만필터 모형(regression Kalman filter model)은 입력변수(설명변수)가 있는 경우에 사용되는 동적모형으로, 계수(상태열)가 시간에 따라 변화하는 동적 계수가 된다.

$$\begin{cases} \theta_t = \theta_{t-1} + w_t \\ Y_t = F_t\theta_t + v_t \end{cases}$$

(4) 일반적 칼만필터 모형

일반적 칼만필터 모형(general Kalman filter model))은 회귀 칼만필터 모형에서 동적 계수가 임의보행이 아닌 경우에 전이행렬을 고려하는 동적 모형이다.

$$\begin{cases} \theta_t = G_t\theta_{t-1} + w_t \\ Y_t = F_t\theta_t + v_t \end{cases}$$

(5) 확장된 칼만필터 모형

칼만필터 모형에서 상태방정식과 출력방정식이 선형모형이 아닌 비선형모형인 경우를 확장된 칼만필터 모형(extended Kalman filter model)이라고 한다. 추정과 최신화는 주어진 식을 선형화하여 해결하며, 시스템에 대한 물리적 이해가 필요하다.

$$\begin{cases} \theta_t = f(\theta_{t-1}, w_t) \\ Y_t = h(\theta_t, v_t) \end{cases}$$

10.3 최신화 알고리즘

칼만필터링은 칼만필터 모형의 상태열$\{\theta_t\}$의 추정에 사용된다. 칼만필터링은 다음의 특징을 지니고 있어 이공계 분야에서 모델링에 많이 응용되고 있다. 칼만필터링을 요약하면 다음과 같다.

(1) 미지의 상태열 $\{\theta_t\}$를 추정하는 반복처리과정이다.
(2) 동적 처리 기법이다. 즉, 시간의 흐름에 따라 진행하면서 과거와 현재의 출력값들을 보고 현재의 상태를 추정해간다.
(3) 평균제곱오차를 최소로 하는 최적 상태열을 추정하는 통계적 이론을 바탕으로 한다.
(4) 체계적 기법(systematic method)이다. 즉, 일단 칼만필터 모형이 만들어지면 칼만필터 알고리즘을 쉽게 사용할 수 있다.
(5) 나쁜 초기치의 영향이 오래 가지 않는다. 즉, 초기치에 대하여 강건(robust)하다.
(6) 프로그래밍이 쉽다.

칼만 필터링은 다변량 정규분포이론에 근거하며 최적 상태값을 추정하는 아래와 같은 동적순환과정(dynamic recursive procedure)으로 이루어진다. 이를 최신화 알고리즘(updating algorithm)이라고 한다.

$t=1,2,\cdots$ 로 변화시키며 다음 과정을 반복하여 수행한다.

① $t-1$ 시점까지의 모든 정보 D_t에 의한 θ_{t-1}의 분포:

$$\theta_{t-1} \mid Y_{t-1} \sim N(m_{t-1}, C_{t-1})$$

② t 시점에서의 θ_t의 사전분포:

상태방정식 $\theta_t = G_t\theta_{t-1} + w_t$, $w_t \sim N(0, W_t)$에 의하여,

$$\theta_t \mid D_{t-1} = (G_t\theta_{t-1} + w_t) \mid D_{t-1} \sim N(a_t, R_t)$$

여기에서 $a_t = G_t m_{t-1}$, $R_t = G_t C_{t-1} G_t' + W_t$이다.

③ t 시점에서의 Y_t 에 대한 전방 일단계 예측:

출력방정식 $Y_t = F_t \theta_t + v_t$, $v_t \sim N(0, V_t)$ 에 의하여

$$Y_t \mid D_{t-1} = (F_t \theta_t + v_t) \mid D_{t-1} \sim N(f_t, Q_t)$$

여기에서 $f_t = F_t a_{t-1}$, $Q_t = F_t R_{t-1} F_t' + V_t$ 이다. 이때, 평균인 f_t 값이 Y_t 에 대한 전방 일단계 예측치(one-step-ahead-forecast)가 된다. 즉, Y_t 에 대한 추정치로 사용된다.

④ Y_t 값이 관측된 후 t 시점에서의 정보 D_t 에 대한 최신화:

$D_t = \{ D_{t-1}, Y_t \}$ 라고 할 때, $\theta_t \mid Y_t \sim N(m_t, C_t)$ 이다.

여기에서 $m_t = a_t + A_t e_t$, $C_t = R_t - A_t Q_t A_t'$, $e_t = Y_t - f_t$, $A_t = R_t F_t Q_t^{-1}$.

(다변량 정규분포이론에 의한 ④의 증명)

$$\begin{pmatrix} X_1 \\ X_2 \end{pmatrix} \sim N(\begin{pmatrix} \mu_1 \\ \mu_2 \end{pmatrix}, \begin{pmatrix} \Sigma_{11} & \Sigma_{12} \\ \Sigma_{21} & \Sigma_{22} \end{pmatrix})$$

$$\Leftrightarrow \begin{cases} X_2 \sim N(\mu_2, \Sigma_{22}) \\ X_1 \mid X_2 = x_2 \sim N(\mu_1 + \Sigma_{12}\Sigma_{22}^{-1}(x_2 - \mu_2), \Sigma_{11} - \Sigma_{12}\Sigma_{22}^{-1}\Sigma_{21}) \end{cases}$$

에서 $\begin{pmatrix} \theta_t \\ Y_t \end{pmatrix} \sim N\left(\begin{pmatrix} a_t \\ f_t \end{pmatrix}, \begin{pmatrix} R_t & A_t Q_t \\ Q_t A_t' & Q_t \end{pmatrix}\right)$ 이므로, 다음이 성립된다.

$$\theta_t \mid Y_t \sim N(a_t + A_t(Y_t - f_t), R_t - A_t Q_t A_t').$$

칼만필터링 알고리즘

F_t, G_t , $t = 1, 2, \cdots$,가 주어져 있는 경우에 다음의 과정을 수행한다.

[단계 1] 초기치 부여: m_1, C_1 을 알맞은 범위에서 임의로 잡는다.

[단계 2] 반복 단계(최신화 및 예측치 생성 단계): $t = 2, 3, \cdots$

$a_t = G_t m_{t-1}$

$R_t = G_t C_{t-1} G_t' + W$

$f_t = F_t a_{t-1}$: 일단계 전방 예측치

$Q_t = F_t R_{t-1} F_t' + V$

$e_t = Y_t - f_t$: 예측오차

$A_t = R_t F_t Q_t^{-1}$: 칼만이득(Kalman gain)이라고 한다.
$m_t = a_t + A_t e_t$: 최신화된 상태벡터의 평균벡터
$C_t = R_t - A_t Q_t A_t'$: 최신화된 상태벡터의 공분산 행렬

10.4 동적선형모형

고전적 칼만필터 모형은 출력오차분산 V과 내적오차분산 W에 대하여 상수 또는 상수행렬이라고 둔다. 이 값들은 경험적으로 결정하는 데 예측의 정확도 향상에 한계가 있어, 오차분산에 대한 사전확률분포를 고려한 모형으로 베이지안 칼만필터 모형이 유용하다. 다음 형태의 생성구조를 **동적선형모형**(dynamic linear model)이라고 한다.

$$\begin{cases} \theta_t = G_t \theta_{t-1} + w_t \\ Y_t = F_t \theta_t + v_t \end{cases}$$
$$v_t \sim N(0, V_t), \quad V_t \sim IG(n_t/2, n_t s_t/2)$$

여기에서 IG는 역감마분포(inverse gamma distribution)를 뜻한다. 동적선형모형에 대하여 자세한 설명은 West와 Harrison(1997)을 참고하기 바라며, 이 절에서는 일반적으로 많이 적용하는 $G_t = I$(단위행렬)인 경우에 대하여 기본적인 추정과정을 설명하고자 한다.

(1) 고려된 동적선형모형식은 다음으로 구성된다.

① 상태변수에 대한 초기분포: $\theta_1 \sim N(m_1, C_1)$

② 상태방정식: $\theta_t = \theta_{t-1} + w_t, \; w_t \sim N(0, W_t)$

③ 출력방정식: $Y_t = F_t \theta_t + v_t, \; v_t \sim N(0, V_t)$

④ 출력오차분산의 분포: $V_t \sim IG(n_t/2, n_t s_t/2)$

(2) W_t의 해결

θ_t의 분산은 상태방정식에 의하여 $R_t = C_{t-1} + W_t$로 산출되므로 내적오차분산인 W_t를 알아야 한다. 분산은 양수이거나 양정치행렬이므로 $R_t = C_{t-1}/\delta_t$로 생각할 수 있다. 여기에서 $0 < \delta_t \leq 1$이다. 다시 δ_t를 추정하는 문제가 된다. 차선책으로 $R_t = C_{t-1}/\delta$로

놓고 (잔차제곱합 SSE를 최소로 하는) 최적 δ를 구하는 문제로 간단히 해결할 수 있다. δ를 $0 < \delta \leq 1$ 사이에서 변화시켜가며 동적선형모형을 수행시키며 SSE를 구한 후 최소 SSE를 가지는 감소인자를 선택한다. 이를 최적 감소인자(optimal discount factor)라고 한다.

(3) V_t의 해결

출력오차분산 V_t는 역감마분포에 따르는 확률변수로 가정하고 n_t, s_t를 동적으로 추정하는 과정을 추가하여 해결할 수 있다. 동적선형모형 수행 알고리즘은 다음과 같다.

동적선형모형 추정 알고리즘

F_t, $t=1,2,\cdots$,가 주어져 있는 경우에 다음의 과정을 수행한다.

[단계 1] 초기치 부여:

m_1, C_1을 알맞은 범위에서 임의로 잡는다.

최적 감소인자 δ를 사용한다.

[단계 2] 반복 단계 (최신화 및 예측치 생성 단계): $t = 2, 3, \cdots$

$R_t = C_{t-1} / \delta$

$f_t = F_t m_{t-1}$ (y_t에 대한 전방 일단계 예측치)

$Q_t = F_t' R_{t-1} F_t + s_{t-1}$

$e_t = Y_t - f_t$ (예측오차)

$A_t = R_t F_t' Q_t^{-1}$ 칼만이득(Kalman gain)

$m_t = m_{t-1} + A_t e_t$ 최신화된 상태벡터의 평균벡터

$n_t = n_{t-1} + 1$ 최신화된 n_t

$s_t = s_{t-1} + s_{t-1}\left(e_t^2 / Q_t - 1\right) / n_t$ 최신화된 s_t

$C_t = R_t s_t / Q_t$ 최신화된 상태벡터의 공분산 행렬

10.5 동적선형모형 모의실험

칼만필터링의 추정 정확도를 검증하기 위하여 모의실험으로 살펴보고자 한다. 모의실험은 다음 과정으로 구성된다.

[단계 1] 설명변수열 X_t 를 생성한다.

[단계 2] 주어진 칼만필터 모형으로 반응변수열 Y_t 를 생성한다.

[단계 3] 회귀분석을 수행한다.

[단계 4] 생성된 반응변수열과 설명변수열로 칼만필터링을 수행한다.

[단계 5] 최신화 과정으로 추정되는 계수열과 본래 모형을 비교한다.

(1) 변수열 생성

① 설명변수 생성: $x_t = \sqrt{t}\,,\ \ t = 1,2,\cdots,150$

② 자료생성을 위한 칼만필터 모형식:

$$a_t = a_{t-1} + \delta_{1t},\ \ \delta_{1t} \sim N(0,\ W_{1t}),$$

$$b_t = b_{t-1} + \delta_{2t},\ \ \delta_{2t} \sim N(0,\ W_{2t}),$$

$$y_t = a_t + b_t x_t + v_t,\ v_t \sim N(0,\ V_t)$$

③ a_t 의 생성을 위한 내적오차 생성: $N(0, 25)$ 에서 δ_{1t} 를 생성한다.

④ a_t 의 생성: $a_1 = 50$ 으로 놓고, $a_t = a_{t-1} + \delta_{1t},\ t = 2,3,\cdots,150$

⑤ b_t 의 생성을 위한 내적오차 생성: $N(0, 4)$ 에서 δ_{2t} 를 생성한다.

⑥ $b_1 = 5$ 로 놓고, $b_t = b_{t-1} + \delta_{2t},\ t = 2,3,\cdots,150$을 산출한다.

⑦ y_t 의 생성을 위한 출력오차 생성: $N(0, 30)$ 에서 v_t 를 생성한다.

⑧ $y_t = a_t + b_t x_t + v_t\,,\ t = 1,2,\cdots,150$을 산출한다.

(2) R 프로그램

```
## dynamic linear model

options(digits=2, show.signif.stars=F)

# data generation
x  <- (1:150)^0.5
y  <- rep(0,150); a  <- rep(0,150); b  <- rep(0,150)
w1 <- rep(0,150); w2 <- rep(0,150); v  <- rep(0,150)
```

```
a[1]=50; b[1]=5          # initial values
set.seed(5102215)

for(t in 2:150) {
  w1[t] <- rnorm(1,0,5)
  w2[t] <- rnorm(1,0,2)
  a[t]  <- a[t-1]+w1[t]
  b[t]  <- b[t-1]+w2[t]
  v[t]  <- rnorm(1,0,30)
  y[t]  <- a[t] + bpt]*x{t} + v[t]
}
t <- 1:150
sim.dlm <- cbind(t,y,x,a,b,w1,w2,v)

# tsplot
par(mfrow=c(2,2))
plot(t,a,type="l")
plot(t,b,type="l")
plot(t,mu,type="l")
plot(t,y,type="l")

# regression
reg.model <- lm(y~x)
summary(reg.model)

# scatter plot
x11()
par(mfrow=c(1,2))
plot(y~x,type="o")
abline(coef(reg.model),lty=5)

# residual plot
plot(t,resid(reg.model))
abline(h=0)

## dynamic linear model

# variables for dynamic linear model
R   <- matrix(1,2,2); c1 <- matrix(1,2,2); c2  <- matrix(1,2,2)
yhat <- rep(0,150);  b0 <- rep(0,150);     b1  <- rep(1.150)
cons <- rep(1,150);  err <- rep(0,150)
n    <- rep(1,150);  s <- rep(1,150)
SSE  <- rep(1,100);  result <- matrix(0,100,2)

# to find the optimal discount factor which minimizes SSE
for(k in 1:100) {
   d=k/100                  # discount factor
   SSE[k] = 0
   b0[1] = 0
   b1[1] = 1
   c1 <- diag(2)
   for(t in 2:150) {
      R = c1/d
      yhat[t] = b0[t-1] + b1[t-1]*x[t]
      F <- cbind(cons[t],x[t])
      q <- (F %*% R) %*% t(F) + s[t-1]
      A <- R %*% t(F)/ as.numeric(q)
```

```
        err[t] = y[t]-yhat[t]
        n[t] = n[t-1] + 1
        s[t] = s[t-1] + (err[t]**2 / q - 1)*s[t-1] / n[t]
        b0[t] = b0[t-1] + A[1,]*err[t]
        b1[t] = b1[t-1] + A[2,]*err[t]
        c2 = R * s[t] / as.numeric(q)
        if(t>=30) SSE[k] <- SSE[k] + err[t]**2
        c1 <- c2
    }
    result[k,]  <- cbind(k, SSE[k])
}
result

x11()
plot(result[,1],result[,2],type="l",xlab="discount factor",ylab="SSE")

# optimal discount factor is d=0.61
d=0.61                # discount factor
b0[1] = 0
b1[1] = 1
c1 <- diag(2)

for(t in 2:150) {
  R = c1/d
  yhat[t] = b0[t-1] + b1[t-1]*x[t]      # f[t]=F[t]'m[t-1]
  F <- cbind(cons[t],x[t])
  q <- (F %*% R) %*% t(F) + s[t-1]
  A <- R %*% t(F)/ as.numeric(q)
  err[t] = y[t]-yhat[t]
  n[t] = n[t-1] + 1
  s[t] = s[t-1] + (err[t]**2 / q - 1)*s[t-1] / n[t]
  b0[t] = b0[t-1] + A[1,]*err[t]
  b1[t] = b1[t-1] + A[2,]*err[t]
  c2 = R * s[t] / as.numeric(q)
  c1 <- c2
}

# results
t <- 1:150
result.DLM <- cbind(t, y, yhat, x, b0, b1, err, n, s)
result.DLM

# plotting
x11()
par(mfrow=c(2,2))
plot(t,b0,ylim=c(15,30),type="o")
plot(t,b1,ylim=c(20,60),type="o")
plot(t,err,ylim=c(-100,200),type="o")
abline(h=0)
plot(y,yhat)
abline(0,1)

x11()
par(mfrow=c(1,1))
```

```
plot(t,y,type="l",lwd=2, ylab="y and forecast")
lines(t,yhat,lty=5,col="red",lwd=2)
```

(3) 생성된 시계열들

```
          t   y    x   a    b      w1     w2      v
  [1,]    1   0  1.0  50  5.0   0.000  0.000   0.00
  [2,]    2 110  1.4  56  5.7   5.610  0.664  46.72
  [3,]    3  61  1.7  54  5.6  -1.584 -0.015  -2.95
  [4,]    4  58  2.0  62  7.2   7.701  1.583 -17.96
  [5,]    5 118  2.2  61  6.6  -0.950 -0.609  42.21
  [6,]    6 119  2.4  68  9.0   7.131  2.364  29.21
  [7,]    7 106  2.6  78 11.1  10.428  2.085  -1.83
  ...    ... ...  ...  ...  ...    ...    ...    ...
[145,] 145 389 12.0 108 23.6  -0.167 -2.782  -3.01
[146,] 146 367 12.1 107 21.4  -1.008 -2.202   1.62
[147,] 147 322 12.1 108 19.0   0.430 -2.361 -16.45
[148,] 148 395 12.2 101 19.8  -6.819  0.818  53.46
[149,] 149 387 12.2 105 20.1   3.725  0.300  36.83
[150,] 150 373 12.2 106 19.3   1.178 -0.779  30.34
```

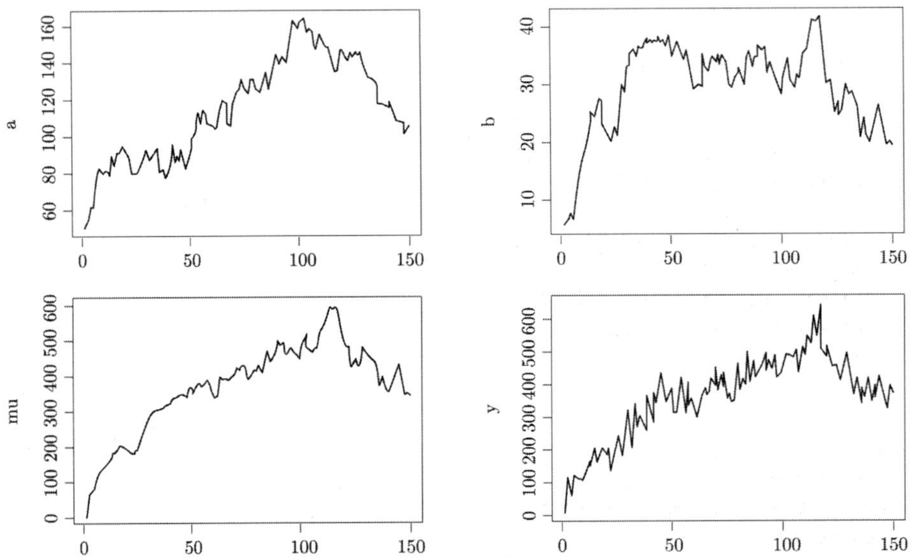

그림 10.5.1. 생성된 시계열들

(4) 단순회귀분석 결과

단순회귀분석의 결과를 보면 계수들이 유의하며, 결정계수가 0.722로 나타났다. 그러나 [그림 10.5.2]의 잔차그림을 보면 자기상관성이 뚜렷이 보인다.

$(X_t,\ Y_t)$에 대한 회귀분석의 결과

```
Call: lm(formula = y ~ x)

Residuals:
    Min      1Q  Median      3Q     Max
-182.69  -38.21    3.96   48.12  188.54

Coefficients:
            Estimate Std. Error t value Pr(>|t|)
(Intercept)    60.06      16.24     3.7    3e-04
x              36.65       1.87    19.6   <2e-16

Residual standard error: 66 on 148 degrees of freedom
Multiple R-squared: 0.722,      Adjusted R-squared: 0.72
F-statistic:  385 on 1 and 148 DF,  p-value: <2e-16
```

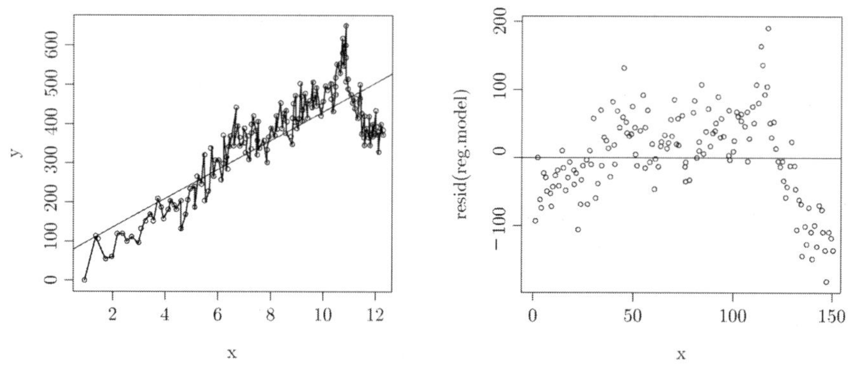

그림 10.5.2. Y_t 와 X_t 의 산점도와 잔차열

(5) 생성된 종속변수와 설명변수에 대하여 칼만필터링을 이용하여 각 시점의 모형의 계수를 구하였다.

① 먼저 최적 감소인자 d 를 결정하기 위하여 0.01부터 1.00까지 0.01씩 변화시켜가며 칼만필터 모형을 수행한다. 이 과정에서 산출된 SSE를 비교하여 가장 작은 SSE에 해당하는 감소인자(여기에서는 $d=0.61$)를 최적 감소인자로 결정하였다.

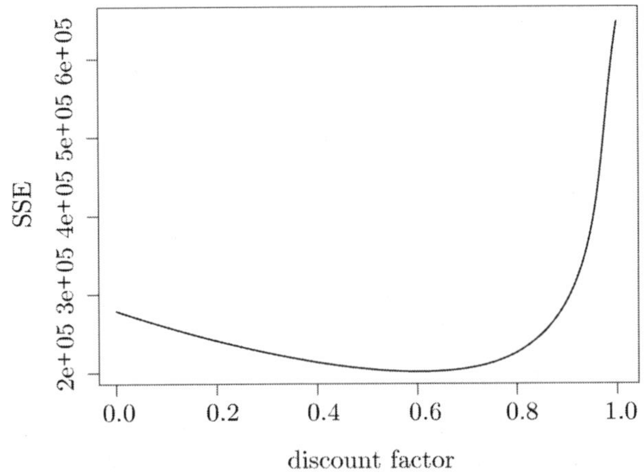

그림 10.5.3. 감소인자에 따른 SSE의 변화

② 최적 감소인자를 사용하여 추정된 칼만필터 모형의 시계열들은 다음과 같다.

```
          y  yhat    x b0 b1    err   n    s
 [1,]     0   0.0  1.0  0  1   0.00   1    1
 [2,]   110   1.4  1.4 30 44 108.93   2 1003
 [3,]    61 105.8  1.7 23 31 -44.96   3  908
 [4,]    58  85.2  2.0 20 25 -26.93   4  759
 [5,]   118  75.7  2.2 24 33  42.07   5  774
  ...   ...   ...  ...  ... ...   ...  ...  ...
[146,]  367 402.3 12.1 25 30 -35.21 146  931
[147,]  322 389.6 12.1 25 28 -67.95 147  944
[148,]  395 364.0 12.2 25 29  31.50 148  941
[149,]  387 377.6 12.2 25 29   9.47 149  936
[150,]  373 382.5 12.2 25 29  -9.48 150  930
```

③ [그림 10.5.1]과 [그림 10.5.4]에서 보듯이 추정된 a_t 와 b_t 는 원래 값과 매우 다르게 나온다. 잔차 시계열 그림에서도 특별한 추세가 보이지 않으며, [그림 10.5.5]에서 $\widehat{y_t}$ 은 y_t 에 가깝게 추정되었음을 알 수 있다.

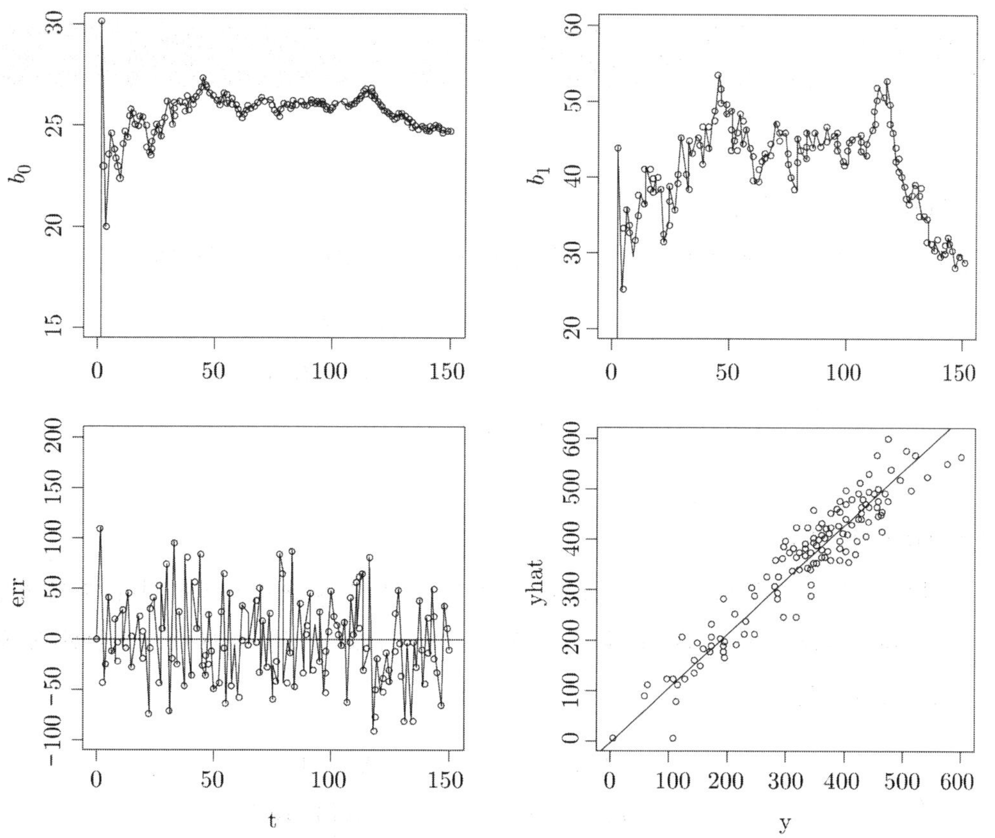

그림 10.5.4. 추정된 계수열, 잔차열, 반응치와 추정치의 산점도

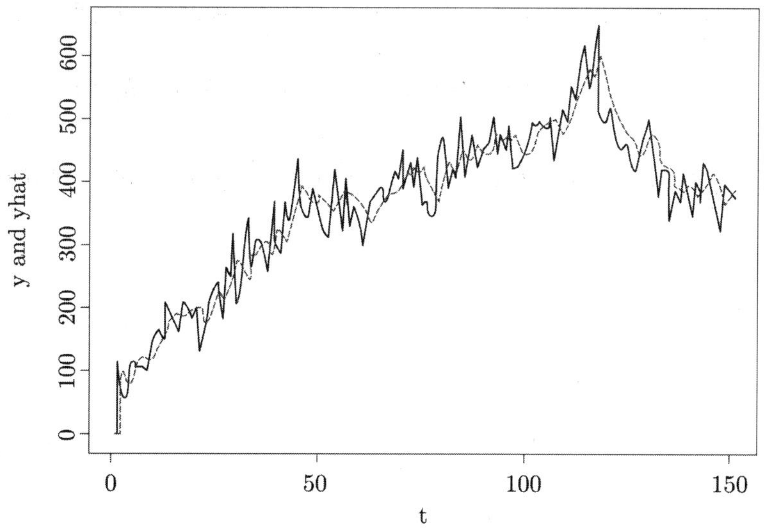

그림 10.5.5. 관측치(실선)와 추정치(점선) 시계열 그림

10.6 연습문제

10.1 DLM $\{1,\ 1, V_t,\ W_t\}$

다음의 일차 동적선형모형에 대한 칼만필터링 알고리즘을 구하시오.

$$\begin{aligned} Y_t &= \mu_t + v_t, \quad v_t \sim N(0,\ V_t) \\ \mu_t &= \mu_{t-1} + w_t, \quad w_t \sim N(0,\ W_t) \\ \mu_0 &\mid D_0 \sim N(m_0,\ C_0) \end{aligned}$$

10.2 (예측치의 분포)

시점 t 까지 자료가 주어져 있을 때 시점 $t+k$ 의 값을 예측하고자 한다. 이를 k 단계 전방예측(k-step ahead forecast)이라고 하고, $Y_{t+k} \mid D_t$ 또는 $Y_t(k)$ 로 표현한다. 회귀 동적선형모형

$$\begin{aligned} Y_t &= F_t'\theta_t + v_t, \quad v_t \sim N(0,\ V_t), \\ \theta_t &= \theta_{t-1} + w_t, \quad w_t \sim N(0,\ W_t) \\ \theta_0 &\mid D_0 \sim N(m_0,\ C_0) \end{aligned}$$

에서 k 단계 전방 예측치 $Y_{t+k} \mid D_t$ 와 $\theta_{t+k} \mid D_t$ 의 분포는 다음과 같음을 보이시오.

$$Y_{t+k} \mid D_t \sim N(m_t,\ Q_t(k)),\ \theta_{t+k} \mid D_t \sim N(m_t,\ R_t(k))$$

여기에서 $f_t(k) = F_{t+k} m_t, R_t(k) = C_t + \sum_{r=1}^{k} W_{t+r},\ Q_t(k) = F_{t+k}^2 R_t(k) + V_{t+k}$이다.

10.3 다음의 표는 미국 연간 우유 생산량과 젖소 마리수를 연도별로 조사한 것이다. 회귀모형과 동적선형모형으로 각각 분석하고 비교하시오.

년도	우유생산량 (lbs x 10^9)	젖소 마리수 (10^6)
2000	117.0	12.0
2001	118.6	11.8
2002	120.0	11.7
2003	115.5	11.4
2004	115.6	11.2
2005	115.4	11.1
2006	120.2	11.0
2007	122.7	11.0
2008	121.5	10.8
2009	123.4	10.7
2010	128.5	10.8
2011	130.0	10.9
2012	135.8	11.0

11장

통계적 모의실험

11.1 버스대기시간 모의실험

시간의 흐름에 따라 사건이 발생하고, 발생된 사건들에 대한 처리가 이루어지는 것은 서비스 시스템의 대표적인 형태로서 많은 분야에서 시스템 분석의 대상이 된다. 통계학에서는 확률과정의 **대기이론**(queueing theory)이 이에 대한 이론을 제시해준다. 서비스 시스템으로서의 **대기시스템**은 다음의 요소로 표현된다.

(1) 구성요소: 고객, 대기행렬, 작업자
(2) 속성: 고객 집단의 속성, 고객 도착간격시간의 분포, 작업자수, 작업자별 서비스 시간의 분포, 서비스를 받는 순서, 대기행렬의 크기
(3) 상태: 도착된 고객수, 대기 중인 고객수, 고객의 대기시간, 서비스 받는 고객수, 쉬고 있는 작업자수, 고객의 평균 시스템 체재시간, 평균 대기시간, 평균 대기자수, …
(4) 사건: 고객의 도착, 서비스의 시작, 서비스의 종료

대기시스템 모의실험은 실제 시스템의 구성요소와 속성을 기초로 하여 컴퓨터로 가상적인 시스템을 운용하여 현 시스템의 운용과정과 결과를 알아보는 것뿐만 아니라 구성요소와 속성을 변화시켜 가며 모의실험을 하여, 시스템의 효율적(순수익, 인사관리를 포함한) 운영을 위한 최적 조건을 찾고자 하는 데 목적을 두고 있다. 사원을 임용하고 해직하는 것처럼 실제로 구성요소와 속성을 변화시켜보는 것은 시간과 비용 면에서 많은 문제가 있으므로, 실제 시스템과의 차이가 크게 없다면 가상적인 모의실험을 하는 것이 편리하고 효율적인 방법이 된다.

버스 대기시간 모의실험

어느 한 좌석버스 정류소에서 버스 승객이 정류소에 도착 후 승차까지 기다리는 시간의 분포를 알아보고자 한다.

승객이 정류소에 도착하는 도착간격시간의 분포는 평균이 3분인 지수분포에서 15분보다 작은 값을 사용하는 절단지수분포이다. 버스의 도착간격시간은 평균이 15분이고 표준편차가 5분인 정규분포에서 0분과 30분에 사이에 속하는 값만 사용하는 절단정규분포에 따른다. 도착하는 좌석버스의 빈자리는 평균이 5석인 포아송 분포에 따른다.

입석은 허용되지 않는다고 가정하고 3,000분 동안 모의실험을 수행하여 승객의 대기시간의 평균을 추정하고자 한다.

[실험 목적] 승객 한 사람당 평균 대기시간의 추정

[시스템의 구성]

(1) 구성요소: 버스, 승객, 빈 좌석

(2) 속성: 버스의 도착간격시간, 승객의 도착간격시간, 빈 좌석의 수

(3) 내생변수: 승객 대기시간의 총합, 승객 한 사람 대기시간의 평균

(4) 외생변수: 버스 도착간격시간 분포, 승객 도착간격시간 분포, 빈 좌석수 분포

(5) 사건: 승객 도착, 버스 도착

[실험 조건]

(1) 정해진 버스 정류소에서 대기행렬이다.

(2) 좌석버스의 도착시간간격의 분포는 정규분포 $N(15,\ 5^2)$에서 0과 30에서 정의되는 절단정규분포(단위: 분)

(3) 승객의 정류소 도착간격시간은 평균이 3분인 지수분포에서 0과 15에서 정의되는 절단정규분포(단위: 분)

(4) 도착 전 버스의 빈 좌석수는 평균이 5인 포아송 분포(단위: 석)

(5) 입석은 허용되지 않는다.

(6) 3,000분간 모의실험을 수행한다.

[사건진행방식에 의한 처리행로]

앞의 1장에서는 확률변수값을 먼저 생성한 후에 모의실험을 하는 방법을 선택하였으나, 여기에서는 모의실험을 하면서 해당 확률변수값들을 생성하는 방법을 사용하기로 하였으니 비교해보기 바란다.

[행로 1] 변수의 초기화 단계:

누적변수들에 초깃값으로 0 또는 1을 부여한다.

[행로 2] 시스템 수행 단계:

다음 과정을 버스도착시간 기준으로 3,000분까지 수행한다.

[2.1] 버스의 도착

[2.1.1] 도착한 버스 총수의 누적 계산

[2.1.2] 버스 도착간격시간의 생성 (절단정규분포)

[2.1.3] 버스 도착시각의 계산

[2.2] 도착한 버스의 빈 좌석수 생성 (포아송 분포)

[2.3] 승객의 도착과 승차 및 대기

다음의 과정을 빈 좌석수만큼 반복한다.

[2.3.1] 승객도착간격시간의 생성(절단지수분포)과 도착시각 계산

[2.3.2] 도착 승객 총수의 누적 계산

[2.3.3] 버스도착시간보다 승객도착시간이 크면 [2.4]로 분기

[2.3.4] 승차한 승객수 계산

[2.3.5] 대기시간 누적 계산

[행로 3] 결과 출력 단계:

[3.1] 평균대기시간 계산

[3.2] 결과 출력

[구조도]

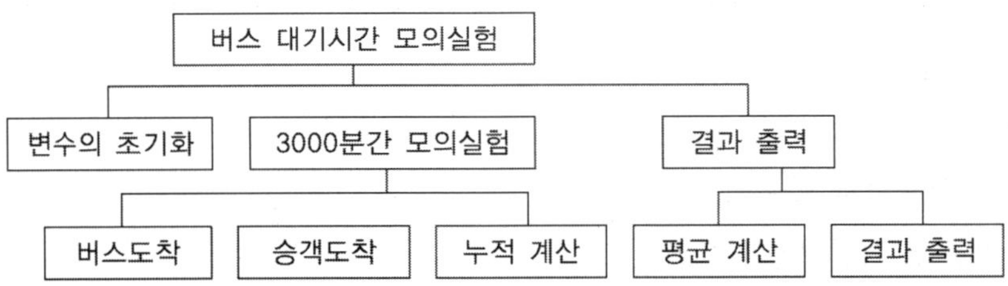

① R 프로그램

```
## waiting time at bus station

library(msm)      # to generate truncated normal variates
set.seed(5102215)
n <- 1
bus.time <- bus.n <- no.pass <- cpass.in <- cwait <- cseat <- 0
wait=rep(0,2000)
pass <- rep(0,2000)
j=1
for (i in 1:2000) {
   pass.int <- rexp(1, rate=1/3)        # passenger interarrival time
   if (pass.int < 15) {
       pass[j] <- pass.int
       j <- j+1
   }
}
cpass <- cumsum(pass)                          # passenger arrival time

while ( bus.time <= 3000) {
  bus <- rtnorm(1, mean=15, sd=5, lower=0, upper=30)
                                    # generating interarrival time of bus
```

```
    seat <- rpois(1,lambda=5)     # generating the number of empty seats

    bus.n <- bus.n + 1            # add 1 to the number of buses arrived
    bus.time <- bus.time + bus                          # bus arrival time
    if (seat==0) next
    for(i in 1:seat) {
        if (cpass[n] > bus.time) next
        wait[n] <- bus.time - cpass[n]
        cwait <- cwait + wait[n]
        n <- n + 1
    }
    cseat <- cseat + seat
}
n-1                         # the number of passengers who has taken buses
bus.n                                 # the total number of buses arrived
(mean.wait = cwait / n)               # average time of waiting for a bus

hist(wait[wait != 0], main="Histogram of waiting time",
     ylim=c(0,200), xlab="waiting time", cex.main=1.5, cex.lab=1.5)
n <- 1:2000
plot(n,wait,xlim=c(0,1000), ylab="waiting time",
     cex.lab=1.5, cex.axis=1.5)
```

② 결과

도착한 버스의 총수	208대
승차한 승객의 총수	1007명
한 승객당 대기시간의 평균	37.43분

③ 승객 대기시간의 히스토그램과 승객 도착순서에 따른 대기시간에 대한 시계열 그림

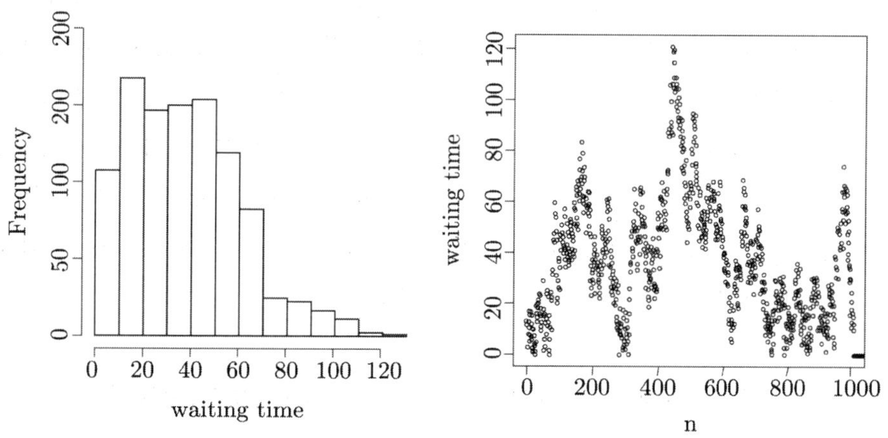

[결과 분석]

평균으로만 계산한다면 승객도착간격시간의 평균이 3분이므로 버스도착간격시간의 평균인 15분 동안 5명의 승객이 도착하고 빈 좌석수의 평균이 5이므로 출발 후 빈 좌석수는 0이

고, 평균대기시간은 7.5분이라고 생각할 수 있다. 그러나 평균대기시간이 37.43분으로 크게 나타난 것은 지수분포의 형태가 꼬리가 오른쪽으로 길게 나타나기 때문에 도착간격시간의 분포는 평균보다 작은 값이 많이 발생하므로 대기시간이 자연히 길어지게 된다. 또한 가끔 큰 값이 생성되기 때문에 승차 후 빈자리가 생기게 되기도 한다. 그러므로 평균으로만 생각하는 것은 현실과 다른 결과를 초래할 수 있음을 유의하여야 한다.

11.2 재고관리 모의실험

모의실험은 현 상태의 시스템 분석뿐만 아니라 최적의 시스템 구성요소 및 속성을 결정하고자 할 때도 많이 사용된다. **재고관리 시스템**(inventory control system) 분석에서도 통계적 모의실험은 유용하게 사용이 된다. 재고관리에서의 주요 관심대상은 물품재고량의 최대한계, 주문시기(발주점), 주문량과 조달기간(delivery time)이 어떠할 때 최대 이익을 얻을 수 있는지 알고자 하는 데 있다.

재고량의 최대 한계 결정에서는 주문량을 일정하게 하는 방법과 최대 재고량을 미리 결정하여 발주시기의 재고량과의 차이만큼 주문량을 정하는 방법이 있다. 재고량이 어느 일정한 수준(발주점) 밑으로 떨어지면 주문을 하는 경우에 발주점을 너무 낮게 잡으면 주문한 물품이 도착하기 전(조달시기 전)에 품절이 될 가능성이 높아지고, 너무 크게 잡으면 평균재고량이 커지게 되고 주문횟수가 증가한다. 마찬가지로 일회의 주문량이 너무 작으면 품절이 될 가능성이 높아지고, 너무 많으면 평균재고량과 주문횟수가 커지게 될 것이다. 재고량이 커지면 재고유지비용이 많이 들고, 품절이 발생하면 판매에 따른 이익의 손실, 상점 명성 손실(그 상점에 가면 물품이 없다는 소문이나 의식으로 그 상점을 기피하게 되는 결과에 따른 손실)이 발생하게 되며, 주문횟수에 따라 주문비용이 증가한다. 그러므로 재고관리비용을 포함한 판매순이익은 다음의 식으로 표현된다.

$$\text{순이익} = \text{판매이익} - \text{재고유지비용} - \text{주문비용} - \text{명성손실비용}$$

위의 식은 발주점과 주문량에 의하여 결정이 되므로 최적 발주점과 주문량을 결정하는 것이 중요하게 된다. 일일단위로 재고관리를 할 때 재고량과 판매량, 발주점과 조달기간의 관계를 그림으로 나타내면 [그림 11.2.1]과 같은 형태가 되며 번호와 관련된 사건에 따른 재고량의 변화를 살펴보면 이해가 쉽게 될 것이다.

여기에서는 주문량을 일정하게 하는 경우에 대하여 주어진 조달기간에 따른 최적 발주점과 최적 주문량의 결정문제를 모의실험한다.

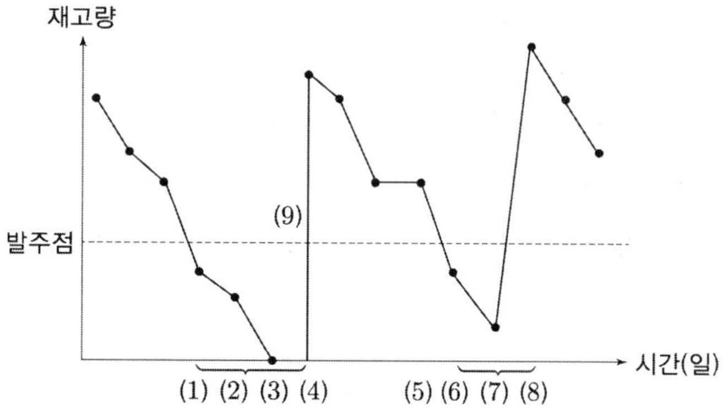

(1) 발주점 밑으로 재고량이 떨어졌으므로 주문 발생
(2) 조달기간
(3) 재고량이 부족하여 품절이 발생
(4) 주문한 물품이 도착하여 재고량이 늘어남
(5) 이 날은 판매가 없어 재고량의 변동이 없음
(6) 발주점 밑으로 재고량이 떨어졌으므로 주문 발생
(7) 조달기간
(8) 주문한 물품이 도착하여 재고량이 늘어남
(9) 주문량

그림 11.2.1. 재고관리 그림

재고관리 모의실험

단일 품목을 판매하는 어느 상점에서 상품을 500원에 사와서 700원에 판매한다. 재고 유지비용은 1일 1개당 5원씩이며, 재고 보충비(주문비용)는 1회 발주에 70원이다. 상품 품절에 따른 손실비용은 1개당 1000원으로 계산한다.

일정기간 실제 조사한 결과 매일의 상품판매수요는 평균이 5인 포아송 분포를 따르고, 물품조달기간은 평균이 2인 포아송 분포에 따른다.

초기 재고량을 30개로 할 때 200일간의 모의실험으로 최적 발주점과 최적 주문량을 추정하라.

[실험 목적] 최적 발주점과 최적 주문량의 결정

[실험 조건]

(1) 상품을 500원에 사와서 700원에 판매한다.

(2) 매일의 상품 판매 수요는 평균이 5인 포아송 분포를 따른다.

(3) 도매상에서 상품조달기간은 평균이 2인 포아송 분포를 따른다.

(4) 재고유지 비용은 1일 1개당 5원씩이다.

(5) 재고 보충비는 1회 발주당 70원이다.

(6) 상품 품절시에 명성손실비는 1개당 1,000원이다.

(7) 초기 재고량은 30개이다.

(8) 발주점(11~50개)과 발주량(21~60개)을 변화시키며 200일간 모의실험한다.

[구조도]

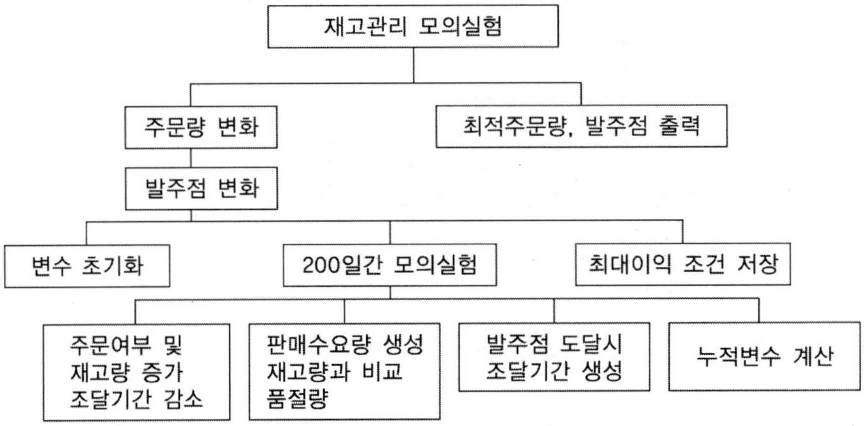

[수행 결과]

수행한 결과 아래 표에서 보듯이 발주량이 43개이고, 발주점이 28개일 때 최대 순이익 172,835 원을 얻는다. ③의 산점도는 주문량(21~60)과 최대이익을 주는 발주점의 관계를 보여주고 있다.

① R 프로그램

```
## inventory management

set.seed(12345678)
k <- seq(11,50)
m <- seq(21,60)
res <- matrix(0,length(k),length(m))
pf <- 0

for (i in 1:length(k)) {
```

```
    ki <- k[i]
    for (j in 1:length(m)) {
        mj <- m[j]
        profit <- n <- od <- 0
        inv <- 30
        while (n <= 200) {
          x <- rpois(1,lambda=5)
          if (inv - x < 0) {
              profit <- profit + inv*700 + (inv - x)*1000
              inv <- 0
          }
          else {
               profit <- profit + x*700 - inv*5
               inv <- max(inv - x,0)
          }
        if (od == 1) {
           if (dn < dd ) dn <- dn + 1
           else {
                  inv <- inv + mj
                  od <- 0
                 }
        }
        else {
           if (inv < ki) {
              profit <- profit - mj * 500 - 70
              dd <- rpois(1,lambda=2)
              od <- 1
              dn <- 0
           }
        }
        n <- n+1
        pf[n] <- profit
        }
    res[i,j] <- profit
  }
}

wh <- apply(res,2,which.max)
pr <- apply(res,2,max)
cbind(m, k[wh], pr)

plot(m, k[wh], pch=18, xlab="amount of ordered items",
     ylab="delivery level")
```

② 결과

주문	발주전	이익	주문	발주점	이익	주문	발주점	이익	주문	발주점	이익
21	37	163730	31	29	165715	41	23	161605	51	29	14756
22	35	151650	32	36	161070	42	31	164330	52	35	15401
23	50	157995	33	42	161370	43	28	172835	53	30	16025
24	46	167310	34	34	162610	44	25	164110	54	40	14953
25	49	157875	35	25	160845	45	26	159985	55	36	16417
26	41	159415	36	32	155890	46	31	171325	56	27	15620
27	43	168150	37	30	163060	47	33	151690	57	26	15613
28	34	160025	38	24	165345	48	32	147120	58	24	14220
29	30	168050	39	37	162090	49	26	156980	59	27	15097
30	39	158935	40	35	160920	50	35	146800	60	28	14828

③ 주문량과 발주점의 산점도

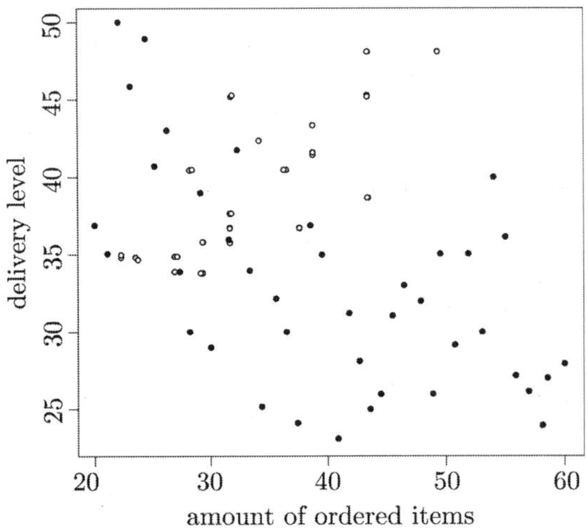

11.3 다단계 공정관리 모의실험

제품의 가공 및 생산 공정에서 원료가 여러 단계를 거치면서 처리되는 경우가 있다. 각 단계의 처리시간이 다르므로 전 단계의 처리가 완료된 원료가 대기하는 경우가 발생하기도 하고, 각 단계의 처리용 기계가 쉬게 되는 경우도 발생된다. 공장 자동화의 효율성을 높이기 위해서는 제품 생산에 걸리는 시간이 가능한 적어야 하고, 작업을 쉬고 있는 기계가 적어야 됨은 당연하다. 기계가 쉬는 시간이 오래 걸리면 자동으로 전원을 차단하여 전기를 아끼는 등 생산 원가의 절감 문제 역시 무시할 수 없는 요소가 된다. 따라서 각 공정의 처리

상태를 분석하는 것은 필요한 일이다.

원료의 도착시간과 각 공정의 처리시간이 통계적 분포에 따를 때에는 실제 시스템의 운행에 의한 분석보다는 통계적 모의실험으로 분석하는 것이 효과적이다. 모의실험을 통하여 공정 처리 시간의 변경에 따른 변화를 살펴볼 수 있어 보다 개선된 생산 공정을 제시할 수 있을 것이다. 대기시간이 긴 중간 공정은 동시에 여러 기계에서 처리하는 것으로 변화시켜 생산 효율을 높일 수 있다. 다단계 공정은 다음의 그림처럼 표현된다.

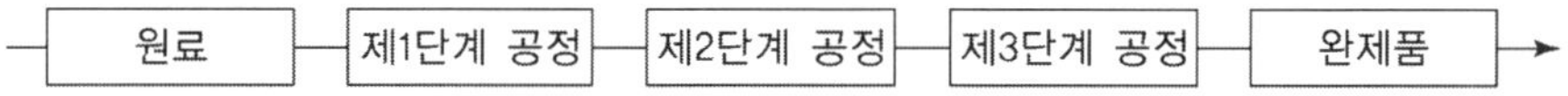

그림 11.3.1. 다단계 공정

다단계 공정관리 모의실험

어느 공장에서 한 제품을 생산하는 공정은 4단계로 이루어져 있다. 각 공정의 처리시간은 N(8, 4), N(6, 1), N(7, 4), N(10, 9)의 정규분포에 따르는 것으로 조사되었다. 정규분포는 실수 전구간을 가지므로 처리시간은 $\mu \pm 3\sigma$범위 내의 값만 취하기로 한다.

지수분포에 따르는 원료의 도착간격시간의 평균을 변화시키며 각 공정별 평균 대기시간, 평균 공시간(idle time)과 한 제품당 평균 생산소요시간을 추정하고 비교하여, 원료의 도착간격시간의 평균을 얼마로 정하여 공정에 투입하는 것이 좋은지 결정하라.

가능한 공시간은 적을수록 좋고 제품당 평균생산소요시간이 60분 이내가 되면 만족한다. 각 경우의 모의실험을 500개 제품생산까지 수행하라. (단위: 분)

[실험 목적]

(1) 원료의 도착간격시간의 분포에 따른

가. 각 공정별 평균 대기시간과 평균 공시간의 추정

나. 한 제품당 평균 생산소요시간의 추정

(2) 최적 도착간격시간의 결정

[실험 조건]

(1) 한 제품을 생산하는 공정은 4단계로 이루어져 있다.

(2) 각 공정의 처리시간의 분포: $N(8, 4)$, $N(6, 1)$, $N(7, 4)$, $N(10, 9)$

(3) 처리시간은 $\mu \pm 3\sigma$ 범위 내의 값만 취하기로 한다.

(4) 500개의 제품 생산까지 모의실험

[구조도]

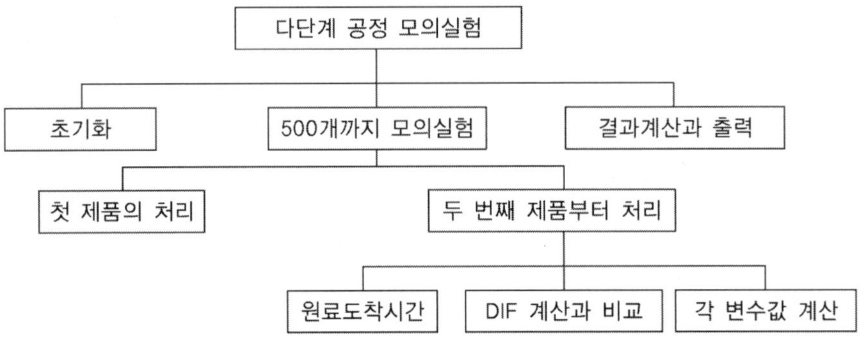

[처리행로]

[행로 1] 변수의 선언 및 초깃값 부여

[행로 2] 모의실험

[2.1] 첫 번째 제품에 대한 모의실험을 한다.

[2.1.1] j 번째 공정의 대기시간과 공시간을 0으로 둔다.

[2.1.2] 각 공정의 처리시간을 생성한다.

[2.1.3] 생산소요시간을 구한다.

[2.2] 두 번째부터 500번째 제품까지 다음 과정을 반복한다.

[2.2.1] 원료의 도착시간을 생성한다.

[2.2.2] 각 공정의 처리시간을 생성한다.

[2.2.3] 각 공정의 대기시간과 공시간의 계산을 위하여 DIF라는 조정변수값을 구한다.

DIF$<$0인 경우: j 공정에서 $i-1$ 번째 작업이 끝난 후에 i 번째 작업이 도착하므로 -DIF가 공시간이 되고 대기시간은 0

DIF$\geq$0인 경우: j 공정에서 $i-1$ 번째 작업이 끝나기 전에 i 번째 작업이 도착하므로 DIF가 대기시간이 되고 공시간은 0

[2.2.4] 공정별 총처리시간, 총대기시간, 총공시간, 생산소요시간 누적

[행로 3] 공정별 평균 대기시간, 평균 공시간, 한 제품당 평균 생산소요시간 계산 후 출력한다.

[결과 분석]

첫 공정의 평균이 8분이므로 원료 도착간격시간의 평균을 5, 10, 11, 12, 13, 15, 20, 100, 1000으로 변화시켜 본 결과 한 제품당 평균 생산소요시간이 다음으로 추정되었다. 도착간격시간의 평균이 아무리 커지더라도 각 공정의 평균들의 합이 31 분이므로 공시간이 커질 뿐이고 평균생산소요시간이 30분 아래로 감소될 확률은 매우 작을 것이다.

평균	제품당 평균생산소요시간
5	1218.7
10	91.4
11	59.3
12	48.8
13	42.0
15	38.6
20	35.3
100	31.1
1000	30.7

위의 표에서 보면 10분 이하는 시간이 너무 많이 걸리고(대기시간이 길고), 평균이 커진다 해도 소요시간은 31분으로 수렴이 되고 공시간이 크게 늘어난다. 가능한 공시간은 적을수록 좋고 평균소요시간이 60분 이내면 만족한다고 하였으므로 프로그램의 수행 결과로 나오는 각 공정의 대기시간과 공시간을 참고하여 최적 도착간격시간의 평균을 결정하면, 다음에 주어진 11, 13, 15, 20의 결과에 의하여 11분이 최적이 됨을 알 수 있다.

평균	11		13		15		20	
공정	대기시간	공시간	대기시간	공시간	대기시간	공시간	대기시간	공시간
1	7.81	3.76	4.78	5.89	3.50	8.01	2.04	13.32
2	0.25	5.68	0.20	7.80	0.18	9.93	0.13	15.24
3	0.98	4.75	0.62	6.89	0.47	8.99	0.32	14.30
4	19.63	1.92	6.66	4.03	3.81	6.16	2.10	11.47

11.4 연습문제

11.1 작업자가 두 명인 대기시스템 모의실험

원료를 가공하여 제품을 생산하는 공정이 있다. 작업자는 두 명(A, B)이며 원료는 도착간격 분포를 가지고 들어오고 앞 작업이 먼저 끝나있는 작업자에게 배당된다. 가공형태는 3가지이며 이에 대한 두 작업자의 처리능력은 다르다. 원료 도착간격분포는 가공형태와 무관하게 들어오며 가공형태에 따른 분포와 두 작업자의 처리시간이 다음의 표로 주어져 있다. 500개의 원료에 대하여 프로그래밍하여 모의실험한 후 작업자 A와 B의 공정 기여도(순수작업시간, 생산 제품수)와 원료의 평균대기시간을 추정하시오.

원료 도착간격시간분포

도착간격 시간	확률
1	0.20
2	0.15
3	0.40
4	0.25

가공형태에 따른 분포와 처리시간

가공 형태	확률	작업자 A	작업자 B
1	0.2	2	3
2	0.5	3	4
3	0.3	4	5

11.2 수리공 고용 최적화 모의실험

어느 생산공장에서 5대의 기계를 24시간 연속적으로 가동하고 있다. 기계의 **고장 사이의 평균시간**(mean time between failures, MTBF)은 모두 30시간이며 지수분포에 따르고 있는 것으로 조사되었다. 각 기계의 고장 시 수리에 필요한 시간은 평균이 3시간인 포아송 분포에 따른다. 한 수리공의 임금은 실제 작업에 관계없이 시간당 3,000원으로 계산되며, 기계가 고장이어서 회사에 끼치는 손해는 시간당 100,000원이다.

(1) 1,000일간의 모의실험으로 최적 고용수를 추정하시오.

(2) MTBF, 임금, 수리시간의 평균을 변화시키며 각 상황에서의 최적 고용수의 변화를 살펴보시오.

참고문헌

- 공선곤, 김인택, 박대희, 박주영, 신요안 (1996). 유전자 알고리즘, 도서출판 그린
- 김응수 (1996). 뇌의 정보 시스템, 생능출판사.
- 김재련 (1989). 컴퓨터 시뮬레이션, 박영사.
- 성내경, 오만숙 (1995). 몬테칼로 적분, 자유아카데미.
- 안현순 (1992). 과학기술계산 프로그래밍, 가남사.
- 유충현, 이상호, 김정일 (2005). R 그래픽스, 자유아카데미.
- 최영훈, 이승천 (1995). 전산통계, 자유아카데미.
- 허명회 (2011). R을 활용한 통계적 개념 방법 응용, 자유아카데미.
- Barlow, R. E. and Proschan, F. (1975). *Statistical theory of Reliability and Life testing*, Holt, Rinchart and Winston, New York.
- Baum, L. E. and Petrie, T. (1966). Statistical inference for Probabilistic unctions of Finite state Merkov chians, *Ann. Math. Statist.* 37. 1559-1563.
- Box, G. E. P. and Muller, M. E. (1958). A note on the Generation of Random Normal Deviates, *Ann. Math. Statist.* 29, 610.
- Bratley, P. (1983). *A Guide to Simulation*, Springer-Verlag, New York.
- Comte de Buffon, G. (1777). Essai d'arithmétique morale, *Supplément à l'Histoire Naturelle*, 4.
- Cook, D. Craven, A. H. and Clarke, G. M. (1982). *Basic Statistical Computing,* Edward Arnold.
- Dempster, A. P., Laird, N. M. and Rubin, D. B. (1977). Maximum likelihood from Incomplete data via the EM algorithm, *J. Royal Statist. Soc. B*, vol. 39, 1-38.
- Devroye, L. (1986). *Non-uniform Random Variate Generation,* Springer- Verlag, New York.
- Efron, B. (1982). *Jackknife, the Bootstrap and other Resampling Plans,* SIAM.
- Efron, B. and Tibshirani, R. J. (1993). *An introduction to the Bootstrap,* Chapman and Hill, New York.
- Faraway, J. J. (2005). Linear Models with R, Chapman & Hall/CRC, New York
- Forsythe, G. E., Malcolm, M. A. and Moler, C. B. (1977). *Computer Methods for Mathematical Computations,* Prentice-Hall, New Jersey.
- Gelfund, A. E., Hills, S. E., Racine-Poon, A. and Smith, A. F. M. (1990). Illustration of Bayesian inference in Normal data model usong Gibbs Sampling, *JASA*, 85, 972-984.
- Gelfund, A. E. and Smith, A. F. M. (1990). Sampling-based approaches to Calculating Marginal densities, *JASA*, 85, 398-409.
- Geman, S. and Geman, D. (1984). Stochastic Relaxation, Gibbs distri- butions and the Bayesian Restoration of Image, *IEEE transaction on Pattern Anaysis and Machine intelligence*, 6, 73-90.

- Givens, G. H. and Hoeting, J. A. (2005). *Computational Statistics*, John Wiley & Sons, New Jersey.
- Gordon, G. (1969) *System Simulation*, Prentice-Hall, New Jersey.
- Hastie, T., Tibshirani, R. and Friedman, J. (2001). *The elements of Statistical Learning*, Springer-Verlag,
- Haykin, S. (1999). *Neural Networks 2nd ed.*, Prentive Hall, New Jersey.
- Hull, T. E. and Dobell, A. R. (1962). Random number generators, Soc. Indust. *Appl. Math. Rev.*, 4, 230-254.
- Huang, X. D., Ariki Y. and Jack, M. A. (1990). *Hidden Markov Model for Speech Recognition,* Edinburgh University.
- Jones, O., Maillardet, R. and Robinson, A. (2009) *Introduction to Scientific Programming and Simulation using R*, CRC Pres, Taylor & Francis Group, New York.
- Kalman, R. E. (1960). A new approach to linear filtering and prediction problems, *J. Basic Engineering,* 82, 35-45.
- Kaplan, W. (1984). *Advanced Calculus*, Addison-Wesley, New York.
- Kennedy, W. J. Jr. and Gentle, J. E. (1980). *Statistical Computing*, Dekker, New York.
- Kolos, M. H. and Whitlock, P. A. (1986). *Monte Carlo Methods,* John Wiley & Sons, New York.
- Law, A. M. and Kelton, W.D. (1982). *Simulation Modeling and Analysis*, McGraw-Hill, New York.
- Levene, M. (1952). On the power function of tests of randomness based on runs up and down, *Ann. Math. Stat.*, 23, 34-56.
- Metropolis, N., Rosenbluth, A. W., Rosenbluth, M. N., Teller, A. H. and Teller, E. (1953). Equations of state Calculation by fast Computing Machines, *J. Chem. Physics*, 21, 1087.
- Morgan, B. J. T. (1986). *Element of Simulation*, Chapman and Hall, London.
- Naylor, T. J., Balentfy, D. S. and Chu, K. (1966). *Computer Simulation Techniques,* John Wiley and Sons, New York.
- von Neuman, J. (1951). Various Techniques used in connection with Random digits, *National Bureau of Standards, Applied Math. Series*, 12, 36.
- Quenouille, M. (1949). Approximate tests of correlation in time series. *J. Royal Statist. Soc. B*, 11, 18-44.
- Rao, C. R. (1973). *Linear statistical inference and its applications,* John Wiley & Sons, New York.
- Rubinstein, R. Y. (1981). *Simulation and the Monte Carlo Method*, John Wiley & Sons, New York.
- Smith, M. (1996). *Neural networks for Statistical modeling*, International Thomson Computer Press, London.
- Wei, W. W. S. (2006). *Time Series Analysis 2nd Ed*, Addison-Wesley, New York.
- West, M. and Harrison, J. (1997). *Bayesian Forecasting and Dynamic Models 2nd Ed.*, Springer, New York.

찾아보기

기타

| 저자 소개 |

손 건 태

서울대학교 대학원 계산통계학과 박사과정 졸업(통계학, 이학박사)
서울대학교 대학원 계산통계학과 석사과정 졸업(통계학, 이학석사)
서울대학교 자연과학대학 수학과 졸업(이학사)
현 : 부산대학교 자연과학대학 통계학과 교수
저서 : SAS 매크로 프로그래밍, SAS Data Step,
확률의 개념과 응용, 통계학, 통계자료분석입문 외
전자메일 : ktsohn@pusan.ac.kr

R을 활용한 전산통계개론

- 통계적 모의실험과 추정 알고리즘 -

| 저 자 | 손건태
| 펴 낸 이 | 주정희
| 펴 낸 곳 | 자유아카데미
| 주 소 | 경기도 파주시 회동길 37-42
파주출판도시
| 전 화 | 031-955-1321
| F A X | 031-955-1322
| 홈페이지 | www.freeaca.com
| 전자우편 | main@freeaca.com(대표)
editor@freeaca.com(편집)
| 등 록 | 제406-2003-017호, 1980. 7. 12
| 제1판1쇄 | 2014년 10월 25일 발행
| 정 가 | 18,000원

ISBN 978-89-7338-806-6 93310